統計的因果推論

岩崎 学 [著]

統計解析
スタンダード
国友直人
竹村彰通
岩崎 学
[編集]

朝倉書店

まえがき

　因果関係の確立は，自然科学や人文・社会科学を問わず，ほとんどすべての科学の目的であり，企業活動や我々の日常生活においても欠くことのできないものとなっている．しかし，因果関係とは何か，それを確立するには何をどのようにすればよいかの判断は，そう単純なものではない．特に，ばらつきを含むようなデータに基づいた因果推論には相応の理論と方法論とを必要とする．

　統計学を学ぶと，相関関係は必ずしも因果を意味しないとの注意を聞くが，ではどのような場合に因果関係となりうるのかの解答はややあいまいなままであった．ところが近年，統計的な因果推論に関する研究が進み，その考え方および方法論が多くの分野で応用されるに至っている．

　本書では，潜在的な結果に基づく統計的因果推論の考え方と実際の推測法をわかりやすく解説する．読者層としては，大学の専門課程から大学院の学生，および実際のデータ解析の業務に携わる統計家を想定していて，大学初年級の確率・統計の基礎の知識を前提としている．しかし，基本的な統計手法については，第2章で因果推論の立場から論じているので参考にしていただきたい．

　筆者が統計的因果推論に興味をもつに至った遠因は，1992年の夏にHarvard大学に短期間滞在する機会を得て，統計的因果推論の第一人者であるD. B. Rubin教授に初めてお目にかかったことである．その後，Rubin教授をはじめP. R. Rosenbaum教授，R. J. A. Little教授などを日本に招聘し，セミナーなどを開催するとともに個人的なつながりをもったことも，筆者の大きな支えとなっている．

　本書の執筆は，筆者が成蹊大学の中期研修プログラムにより2014年4月から同年9月まで東京・立川の統計数理研究所に滞在した際に開始された．その後，種々の事由により脱稿が遅れてしまったが，快く筆者を送り出してくれた成蹊

大学の方々，および快適な研究・執筆の環境を提供していただいた統計数理研究所の皆さんに御礼申し上げる．朝倉書店の担当の方の激励にも感謝する．なお，本書執筆に関する情報収集などには，科学研究費補助金基盤研究（A）No.25240005 の援助を受けた．最後になるが，筆者の研究・教育活動を常に支えてくれている家族に最大級の感謝を捧げる．

2015 年 10 月

岩　崎　　学

目　　次

1. 基礎的事項 ··· 1
　1.1　統計的因果推論とは ·· 1
　1.2　関係の種類 ·· 4
　1.3　研究の種類 ·· 7
　1.4　実験研究の特質 ··· 10
　1.5　変数の種類と相互の関係 ··· 13
　1.6　交絡の調整 ··· 20
　1.7　種々のアプローチ ·· 23

2. 群間比較の統計数理 ··· 25
　2.1　有効率の比較 ··· 25
　　2.1.1　独立な場合 ·· 26
　　2.1.2　対応のある場合 ··· 33
　　2.1.3　対応の有無での比較 ·· 39
　2.2　平均値の比較 ··· 40
　　2.2.1　独立な場合 ·· 40
　　2.2.2　対応のある場合 ··· 45
　　2.2.3　対応の有無での比較 ·· 47
　2.3　回帰分析と共分散分析 ·· 49
　　2.3.1　回帰分析 ··· 50
　　2.3.2　共分散分析 ·· 57
　2.4　ロジスティック回帰 ·· 63

3. 統計的因果推論の枠組み …………………………………… 68
3.1 処置効果の定義 …………………………………………… 68
3.1.1 平均処置効果 ………………………………………… 69
3.1.2 種々の処置効果 ……………………………………… 74
3.2 SUTVA 条件 ………………………………………………… 77
3.3 処置の割付けと識別性 …………………………………… 80
3.3.1 識別性条件 …………………………………………… 80
3.3.2 処置効果の推定 ……………………………………… 84
3.4 共変量と条件付き独立 …………………………………… 87
3.4.1 条件付き独立性と識別可能条件 …………………… 87
3.4.2 標準化法 ……………………………………………… 91
3.4.3 逆確率重み付け法 …………………………………… 92
3.5 観察研究における因果推論のまとめ …………………… 93

4. 傾向スコア ……………………………………………………… 96
4.1 定義と性質 ………………………………………………… 96
4.2 傾向スコアと判別スコア ………………………………… 102
4.3 傾向スコアの推定とその評価 …………………………… 103
4.4 傾向スコアの利用法 ……………………………………… 105
4.4.1 種々の利用法 ………………………………………… 105
4.4.2 共分散分析 …………………………………………… 107

5. マッチング ……………………………………………………… 108
5.1 マッチングの目的 ………………………………………… 108
5.2 個別マッチング …………………………………………… 114
5.3 観察研究におけるマッチング …………………………… 116
5.3.1 推定対象 ……………………………………………… 117
5.3.2 距離の定義 …………………………………………… 117
5.3.3 マッチング法 ………………………………………… 119
5.4 マッチング結果の評価 …………………………………… 120

5.5 処置効果の推定 ……………………………………………… 124
5.5.1 処置効果推定の留意点 ………………………………… 124
5.5.2 推奨手法 ……………………………………………… 128
5.6 コホート研究でのマッチングのまとめ ……………………… 129

6. 層化解析法 …………………………………………………… 131
6.1 層化解析と標準化法 ………………………………………… 131
6.1.1 標準化法 ……………………………………………… 131
6.1.2 層の数とバイアスの除去率 …………………………… 135
6.2 傾向スコアによる層化解析 ………………………………… 137
6.2.1 傾向スコアと層化 ……………………………………… 137
6.2.2 計算例 ………………………………………………… 138

7. 重み付け法 …………………………………………………… 140
7.1 逆確率重み付け法 …………………………………………… 140
7.2 傾向スコアの逆数の重み付け ……………………………… 142
7.3 二重にロバストな推定法 …………………………………… 145

8. 操作変数法とノンコンプライアンス ………………………… 147
8.1 操作変数の定義と性質 ……………………………………… 147
8.1.1 通常の最小2乗推定量 ………………………………… 148
8.1.2 操作変数推定量 ………………………………………… 149
8.2 ノンコンプライアンスと対処法 …………………………… 153
8.2.1 ノンコンプライアンス ………………………………… 153
8.2.2 4種類の推定量 ………………………………………… 154
8.2.3 ノンコンプライアンスの下での効果の推定 ………… 156
8.3 識別性条件と効果の推定 …………………………………… 160
8.3.1 母集団の場合分けと処置効果 ………………………… 160
8.3.2 効果の識別性 …………………………………………… 162
8.3.3 効果の存在範囲 ………………………………………… 166

9. ケース・コントロール研究 …………………………………… 169
9.1 ケース・コントロール研究の特質 …………………………… 169
9.2 曝露効果の推定 ………………………………………………… 171
9.2.1 対応のない場合 …………………………………………… 171
9.2.2 対応のある場合 …………………………………………… 175
9.3 計算例と対応の有無の比較 …………………………………… 176

10. 欠測への対処法 ……………………………………………… 180
10.1 欠測のパターンとメカニズム ………………………………… 180
10.1.1 欠測のパターン …………………………………………… 180
10.1.2 欠測のメカニズム ………………………………………… 181
10.2 補 完 法 ……………………………………………………… 183
10.2.1 種々の補完法 ……………………………………………… 183
10.2.2 補完値の生成 ……………………………………………… 184

Supplement A. 数学的定式化と因果推論 ……………………… 186
A.1 確率と条件付き確率 …………………………………………… 186
A.2 独 立 性 ……………………………………………………… 188
A.3 条件付き独立性 ………………………………………………… 190

文 献 ………………………………………………………………… 193
単 行 本 ……………………………………………………………… 193
学 術 論 文 …………………………………………………………… 195
索 引 ………………………………………………………………… 201

Chapter 1
基礎的事項

本章では,因果関係とは何か,因果関係を統計的に評価するとはどういうことか,因果関係を示すための条件とは何か,という統計的因果推論のための基礎的な事項を,研究の種類と関連して概観する.

1.1 統計的因果推論とは

科学的な研究のみならず,企業におけるビジネスや国あるいは地方公共団体などの政策決定など,我々の社会におけるあらゆる領域では,原因と結果の関係すなわち因果関係(causality)の確立が主要な目的となることが多い.特に,予測を目的にする研究では,因果関係の特定が不可欠である.統計的因果推論(statistical causal inference)は,ある事柄(要因)が結果に対して影響を及ぼしているか,及ぼすならばその大きさはどの程度であるかを,統計データに基づいて判断するための考え方,および影響の大きさを評価するための実際の方法論を提供するものである.

因果関係における原因系は,品質管理では処理(treatment),政治学では政策(policy),社会学ではプログラム(program),医学関係では介入(intervention),疫学では曝露(exposure)など,さまざまな呼び名で呼ばれている.本書では,一般論の展開ではこれらを総称して処置(treatment)と呼び,分野特有の応用では上記のような分野固有の呼び名を用いることにする.また,因果関係での結果系は,品質管理では応答(response)あるいは反応,社会学などでは成功,医学関係では病気の治癒,疫学では有害事象の発生や死亡などとなるが,以下では一般に,結果(outcome)もしくは結果変数と呼び,

必要に応じて上述のような呼び方を用いる．そして，処置が結果に何らかの影響を及ぼすことを，その処置には効果 (effect) があるという．

処置が，たとえば薬剤の投与や新しい教育方法である場合には，結果は病気の治癒や学力の向上などポジティブで有益なものであることが多い．一方で疫学では，処置に相当するものは，薬剤の投与やある種の環境要因への曝露であり，結果は死亡や有害事象の発生などネガティブなものであることが多い．そのため疫学では処置効果に相当するものをリスクと呼んでいる．本書で用いる処置効果は，このようなポジティブなものもネガティブなものも含む価値判断的に中立的なものであるとし，それは単に結果変数に何らかの影響を及ぼすものと位置付ける．

因果関係の確立では，処置（原因）のもたらす効果（結果）(effect of cause) の評価と，結果をもたらした原因 (cause of effect) の特定の両面があることに注意する．後者は，ある結果が観測されたとき，その原因が何であるかを同定しようとするもので，これはきわめて重要な研究対象である．食中毒などの健康被害があった場合にその原因となる食材を見出す，市販された商品に欠陥が生じたとのクレームがあった場合にその原因を探るなど，日常生活においてもこの種の探索は盛んに行われている．統計的因果推論では，もちろんその種の結果から原因を探る研究もあるが，多くの場合，前者の処置効果の推測に重きが置かれる．すなわち，ある処置に効果があるか，あるとしたらそれはどの程度であるかを研究することとされる．結果から原因を探る試みは定性的な側面をもつが，処置効果の有無および大きさに関する推測は定量的に行われ，定量化こそ統計学の得意とするところである．本書の扱うのは，前者の処置効果の定量的評価である．

因果関係とは何かは，歴史的にも哲学的にもこれまで多くの議論が積み重ねられてきた（たとえば Holland (1986), Sections 5, 6 を参照）．Holland は同論文の最後の節で，統計的因果推論の第一人者の Rubin との間で，モットー：
NO CAUSATION WITHOUT MANIPULATION （操作なくして因果なし）をつくり上げたと述べている（大文字は Holland による）．すなわち，操作できるものだけを因果関係の原因系として取り上げて議論しようではないか，としている．これに対しては，月の引力は潮の満ち干の原因ではないのか，といっ

た批判もある．また，性別はまれな例を除いて操作可能でないので，性差と会社での昇進スピードの関係も因果関係としてはとらえられないことになる．このように，その守備範囲にあいまいさは残るとはいえ，因果関係に対する本書の立場もこのモットーに近い．

　では，処置効果の有無はどのようにすれば立証できるであろうか．たとえば，風邪を引いて，ある薬を飲んだところ風邪が治ったとしたとき，この薬は風邪を治す効果があるといえるだろうか．もちろん答えは否である．「薬を飲む」ことを A_1，「薬を飲まない」ことを A_0 とし，「風邪が治る」を B_1，「風邪が治らない」を B_0 としよう．そして，薬を飲んで風邪が治ることを矢線→を用いて「$A_1 \to B_1$」と表す．数学では，命題「$A_1 \to B_1$」の真偽の判定で，それが偽であることを示すのは比較的容易である．「$A_1 \to B_1$」が成り立たない，すなわち薬を飲んでも風邪が治らない人を1人でも探せばよい（逆に命題が真である証明は，通常難しい）．もちろん現実の問題は数学とは異なるのであって，我々は「$A_1 \to B_1$」のほかに，薬を飲んでも風邪が治らない（「$A_1 \to B_0$」），あるいは薬を飲まなくても風邪が治る（「$A_0 \to B_1$」）可能性を考えに入れなくてはならない．また，人間には個人差があるので，ある人には薬が有効であっても同じ薬が別の人には効かないといったことも起こる．

　必ずしも「$A_1 \to B_1$」とはならない以上，確率的な判断が求められる．すなわち，ある母集団において，薬を飲んだ人が風邪が治る条件付き確率を $p_1 = P(B_1 \mid A_1)$ とし，薬を飲まなくて風邪が治る条件付き確率を $p_0 = P(B_1 \mid A_0)$ としたとき，p_1 と p_0 との比較によって薬の効果を判断する必要がある．では，データをとったところ $p_1 > p_0$ であれば薬の効果ありと判定してよいであろうか．ここでも答えは否である．もともと風邪が治りやすい人が薬を飲む傾向にある，という可能性があるかもしれないからである．薬を飲むという選択を誰がしたのかが重要になる．新薬開発や新治療法の確立のための臨床試験では，薬を飲む人と飲まない人を研究者がランダムに決める．それに対し日常生活では，薬を飲む・飲まないは風邪を引いた本人あるいは家族の選択に委ねられている．このように，薬を飲む・飲まないがどう決められたかの情報が，後述するように，大きな意味をもつ．

　上の簡単な例でみたように，薬を飲むという処置が，風邪が治るという効果

をもつか否かの立証のためには，処置を施した場合と施さなかった場合の比較をする必要がある．このとき，処置を施した個体の集まりを処置群（treatment group）といい，その比較相手の処置を施さない群もしくは別の標準的な処置を施した群（たとえば新薬開発の臨床試験では既存の標準薬あるいはプラセボ（placebo）の投与群）を対照群（control group）あるいは非処置群（untreated group）という．心理学では対照群のことを統制群ということが多い．それに加え，処置を施す人をどう定めたのかといった実験の計画が重要な役割を果たす．本書では，どうすれば因果効果が立証できるといえるのかに関する考え方，および実際の因果効果の立証法について詳しく議論する．

1.2　関係の種類

2つの変量間の関係には，因果（causality），関連（association），回帰（regression），相関（correlation）など，いくつかの種類のものがある．これらのうち因果関係は一方向的な関係であるが，相関関係は双方向的な関係である．回帰関係は，回帰分析における回帰係数で表され，一方向的であるが必ずしも因果関係でなく，とはいえ予測には役に立つような関係を指す．関連は，双方向的な場合と一方向的な場合とがあるが，一方向的であっても必ずしも因果を意味しないものである．これらの間の区別が，特に因果関係の確立のためのデータ解析では重要である．これらの違いを示すため次の例を用いる．次のような大学基礎課程レベルの演習問題を考えてみよう．

例 1.1　データに正規分布を仮定して以下の各問に答えよ．
(1) 表1.1のデータセット1は，2つの群それぞれからのランダムな観測値を表す．2群間に差があるかどうかを有意水準5%で両側検定せよ．
(2) 表1.1のデータセット2につき，相関係数を求めよ．また，「変数1」から「変数2」を予測する回帰直線の方程式および決定係数 R^2 の値を求めよ．

表1.1 計算のためのデータセット

データセット1			データセット2		
ID	第1群	第2群	ID	変数1	変数2
1	76	82	1	75	82
2	60	78	2	70	78
3	48	62	3	64	67
4	52	70	4	72	70
5	64	88	5	74	88
平均	60.0	76.0	平均	71.0	77.0
標準偏差	10.95	10.20	標準偏差	4.36	8.60

解答は以下のようである(数値は表示の次の桁で四捨五入).

(1) 2標本t検定の検定統計量の値は$t=2.39$であり,自由度8のt分布に基づく両側P値は$P=0.044$であるので,検定は5%有意である.

(2) 相関係数は$r=0.77$であり,求める回帰直線は$y=-30.43+1.51x$である(図1.1).決定係数は$R^2=0.59$であり,これは単相関係数$r=0.77$の2乗である.

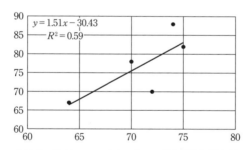

図1.1 表1.1のデータセット2の散布図と回帰直線

統計量およびP値の計算法の理解だけであれば上記の解答で満点であろうが,実質科学上は何の意味もない結果である.

データセット1のデータはテストの点数とし,第1群と第2群は異なるクラスであるとしよう.そしてクラス1では通常の授業を行い,クラス2ではタブレットPCの活用など新規に開発された新手法の授業を行って,授業終了後に

同じ試験を実施し，データは各クラスの生徒からのランダムサンプルであるとする．このとき，2つのクラス間で母平均に差がありとの検定結果であるが，「新手法の授業」の効果があったといってもいいのだろうか．答えは当然否で，この「新手法の授業」を行う以前からクラス間に差があった可能性を否定できない．このときの新手法の授業と試験結果との間の関係は「関連」である．

では，生徒をランダムに2つのクラスに分け，片方に通常授業，もう片方に新手法の授業を実施した結果ならばどうであろうか．その場合は「新手法の授業」の効果がありと判定できるであろう．この場合の関係は「因果」であるといえる．

データセット2でも同様，データの意味およびその収集法によって関係性の種類が異なる．2つの観測値がたとえば英語のリスニングとリーディングの試験の点数であれば，これはどちらかがもう一方の原因ではなく，両方が結果変数であり双方向的であるので，関係は「相関」である．あるいは，試験の点数の背後に「英語力」という隠れた因子を想定すれば，「英語力」が原因（処置）に相当し，リスニングとリーディングの点数は両方とも結果変数となる．この場合であっても「英語力」と試験の結果との関係が「因果」であるとは断定できない．

それに対し，「変数1」は5人に対し，ランダムに投与した薬剤の量であるとし，「変数2」は投与された人たちのある化学成分の血中濃度であるとすると，2変量間の関係は「因果」となり，回帰係数は，薬剤の投与量が増えればその成分の血中濃度が増えるという因果効果とみなすことができる．

では，「変数1」が模擬試験の点数，「変数2」が本番の大学入試の点数とした場合はどうであろうか．両方ともテストの点数ではあるが，データセット1とは異なり「模擬試験」から「本番試験」への一方向的な関係が想定でき，模擬試験の点数が高いほど本番の入試の点数が高いという関係が示唆される．これは因果関係であろうか．もしそうだとしたら不正行為をして模擬試験の点数を上げれば本番の入試の点数が上がることになるが，これは正しくない．しかし，模擬試験の点数から本番の入試の点数を予測することは可能であることから，この場合の関係は「回帰」であるといえる．

また，「変数1」がある処置を施す前の値，「変数2」が処置を施した後の値で

あることもあろう．このときは，処置前後の値の比較により処置効果が評価可能であると思われるが，これだけでは処置効果の立証はできない．処置前から処置後に至る時間的経過により，当該処置に無関係に処置前後の値が変化することが十分考えられるからである（薬を飲んでも飲まなくても風邪は治るかもしれない）．この場合は，適当な対照群を設定し，その対照群でも処置前後の比較を行うことが必須となる．

データをコンピュータに入力すれば，要約統計量や検定結果，あるいは図1.1のような散布図や回帰直線を自動的に出力してくれる．しかし，それらから関係の種類の区別をつけるためには，データの素性およびデータのとり方の情報が必要となる．標語的に書けば

$$\text{データ} = \text{数値} + \text{背景情報}$$

である．適切なデータ解析のためには背景情報がなくてはならない．例1.1はデータ解析の結果ではなく，数値解析の結果にすぎない．

1.3 研究の種類

前2節では，因果推論のためにはデータのとり方すなわち研究デザインが重要であることをみた．データ取得の観点から，研究デザインは，実験研究（experimental study），観察研究（observational study），調査（survey）の3種類に分類される．ここでは，それ以外の分類法も含め研究の種類をまとめる．

処置効果の評価のための研究デザインには，実験研究および観察研究がある．処置効果の評価を想定しない研究は実験研究でも観察研究でもないとの主張もある（Rosenbaum（2002a），p. 1）．処置効果の評価を意図しない研究デザインは調査である．もっとも，調査は現状を把握し，それによって政策の立案などに寄与し，また，過去の調査結果との比較により因果効果の糸口が見つかることもあるため，それ自身重要な意味をもつことはいうまでもない．

実験研究とは，被験者の選択や被験者への処置の割付け（処置への被験者の割当て）などの実験条件の設定が，研究者自らの手でできるもののことをいう．ちなみに，処置の割付けという場合，被験者への処置の割付けという場合と処置への被験者の割付けという場合とがある．処置が薬剤の服用・非服用であれ

ば前者であろうし，処置が新教育法への参加・不参加であれば後者のいい方が適当であろう．しかし以下では，それらをあまり区別せずに用いることにする．

　実験研究では，処置の割付けが研究者自らの手で，あるいは少なくとも研究者の監督下でできるものでなくてはならない．物理実験や化学実験として実験室で行われるものであっても，その目的が処置効果の評価でなかったり，実験条件の設定が自らの手でできなかったりするものを，少なくとも統計的には，実験とはいわない．

　それに対し観察研究は，その目的が処置効果の評価である点は実験研究と同じであるが，被験者の選択や被験者への処置の割付けもしくは被験者の処置の選択が研究者ではなく，被験者自らの手に委ねられているもののことをいう．心理学では，観察研究を準実験（quasi-experiment）ともいう（Shadish, et al., 2002）．処置の割付け以外の部分は実験に類似であるためである．

　例1.1でみたように，因果関係の確立には実験研究がゴールドスタンダードである．しかし，医薬分野での人間を対象とする研究や，社会科学における多くの研究では，時間や費用の制約あるいは倫理的な理由から実験が不可能であることが多く，観察研究に頼らざるを得ないのが現実である．医学分野では，薬剤の投与や手術などの医学的措置により，生体の反応や患者の予後の評価に関するどのパラメータがどう動くかは，医学研究者にとってきわめて重要な情報であるが，それら1つ1つを実験研究によって評価するのは現実的でない．臨床試験などの実験研究には相当の時間がかかることもあり，最新の情報をすばやく医療現場に提供し共有するためには，過去の診療記録などに基づく観察研究が欠かせない．特に近年，医療データベースの整備が進み，それらを活用した研究がさらに重要度を増している．

　観察研究から因果関係の確立が可能かといえば，厳密な意味ではそれは不可能である．しかし，それでは多くの研究，社会科学においてはほとんどすべての研究からの因果関係の確立ができないことになってしまう．我々は，それが厳密にはできないまでも最善を尽くす必要がある．因果関係の確立には実験研究がゴールドスタンダードであるならば，最善を尽くすとは，観察研究をなるべく実験研究に近づけることにほかならない．その上で因果効果の推定を行うことになる．このとき，どのような実験研究に近づけるのかの見極めが重要な

1.3 研究の種類

鍵となる．

データ取得の時間順序による研究の分類では，データを時間の順に観測する前向き研究（prospective study）と，現在から過去にさかのぼる後ろ向き研究（retrospective study），および1時点で複数種類のデータを得る横断研究（cross-sectional study）がある．実験研究は，実験の計画を策定した後にデータをとるという意味で常に前向き研究である．前向きの観察研究にコホート研究（cohort study）がある．コホート研究では，コホートと呼ばれる被験者の集団を特定し，それらの中の処置を受けた被験者と受けなかった被験者の時間を追っての観測により，因果関係を確立しようとする．コホート研究にもいくつかのバリエーションがあるがここでは詳しく触れない．詳しくは矢野・橋本監訳（2004），Rothman（2002）などの疫学のテキストを参照されたい．また，市場調査や社会調査においては時間を追って観測するタイプの研究をパネル調査（panel inquiry）ともいう．

後ろ向き研究としては，ケース・コントロール研究（case-control study，症例対照研究）がある．この研究デザインでは，ある事象Bの生起した被験者（症例，ケース）を特定し，それらと背景因子が類似しているが当該事象の発生していない被験者（対照，コントロール）を選び，彼らが過去にある要因Aに曝露していたかどうかを調べることにより，AがBの原因であるかどうかを評価する（第9章を参照）．この場合の対照は，処置効果の評価における処置と対照の意味での対照ではなく，結果としての当該事象が発生しなかった個体である．同じ用語を異なる意味に用いるのは紛らわしいということで，この種の研究を case referent study と呼ぶこともある（Rosenbaum, 2002a, 2010）．特に，まれな有害事象の原因を特定するような場合には，前向きのコホート研究では事象の発生した個体を集めるのに時間と費用がかかるため，ケース・コントロール研究が実際上ほとんど唯一の研究デザインである（Keogh and Cox, 2014）．

医学分野などでは，処置を施す前にデータをとり，処置を施した後に再度データをとってそれらを比較するタイプの研究が行われることが多い．これを処置前後研究（before-after study）といい，処置前のデータをベースライン（baseline）の値という．1.2節でみたように，処置前後の値同士の比較だけからは，処置効果の立証はできないことから，適切な対照群の設定が必要である．

処置前と処置後に1回ずつでなく，処置中に何度かデータをとることもある．これを縦断（経時的）研究（longitudinal study）といい，それによって得られるデータを経時測定データと呼ぶ．この種のデータは実際問題では多くみられるが，統計的な扱いが難しく，因果関係の確立も容易ではない．

　時間を追ってデータを観測するのではなく，ある特定の時点のデータを用いる横断研究では，複数種類の観測データの時間順序があいまいであることも多く，この種のデータに基づく因果関係の確立は，不可能ではないにしてもきわめて困難である．特に，1.7節で述べる構造方程式モデルによる共分散構造分析では，横断型のデータを扱うことが多いので結果の解釈には注意が必要である．

　研究結果の評価では，内的妥当性（internal validity）と外的妥当性（external validity）の観点が重要である．内的妥当性とは，ある種限られた状況内での妥当性を示し，実験研究は主としてこの内的妥当性のために行われる．実験室での実験では環境要因のコントロールが可能で，その中での精度のよい結果を得ることを目的とする．新薬開発の臨床試験では，試験に参加する被験者の適格条件（年齢や合併症の有無など）を厳密に評価し，しかもインフォームドコンセントをとるといった手続きの下で試験が行われる．試験中もデータの質を維持するための継続的なモニタリングが行われる．

　外的妥当性は，研究の結果得られた結論がどの程度まで一般化できるかを問題とする．観察研究あるいは調査で母集団からのランダム抽出を行うのであれば，それは外的妥当性を担保するための方策とみなされる．実験研究で得られた内的妥当性をもつ結果に対し，その外的妥当性を確保するために広範に調査あるいは観察研究を行うことが望まれる．あるいはその逆に，調査あるいは観察研究によって示唆された結果をさらに確かなものとするため実験を行うこともある．実験と観察研究の双方による内的妥当性および外的妥当性の高い結果こそが，科学的なエビデンスとなる．

1.4　実験研究の特質

　実験研究は，因果関係確立のための方法論のゴールドスタンダードであり，観察研究における因果推論は，観察研究を実験研究になるべく近づけることに

より行うと述べた．ここでは実験研究の何を近づける対象とするのかの判断のため，実験研究の特質をまとめる．

　ある処置の効果の立証のための実験研究では，処置を施した個体からなる処置群と，当該処置を施さない，あるいは別の標準的な処置を施した個体からなる対照群との比較が行われる．その際，両群では処置の違い以外の条件はなるべく均一にするのが望ましいとされる．これは，実験室での実験であればある程度達成可能であろうが，自然界で行う農事試験あるいは人間を対象とした臨床試験や心理実験などでは，望むべくもない要請である．そのような，実験対象の統制が難しい場であっても，処置効果を客観的に立証する実験が可能であるとし，その方法論確立の始祖となったのが英国の統計学者であり遺伝学者でもあるフィッシャー（Sir Ronald A. Fisher）であった．

　フィッシャーは，妥当でしかも効率のよい実験の実施のための，いわゆるフィッシャーの3原則を提唱した．それらは，ランダム化（randomization，無作為化），反復（replication），局所管理（local control）の3つである．以下，これらについて簡単に説明を加える．

ランダム化（無作為化）： 新薬開発の臨床試験や心理実験などでは，実験対象たる被験者はそれぞれ異なり均一でないことから，処置群と対照群間での偏りが存在してしまう可能性がある．恣意的な被験者の選択では，容易に予見しうる偏りは排除できても未知の偏りがないことは保証されない．予期できる偏りに加え予期せぬ偏りまでを排除するための唯一の方法がランダム化である．すなわち，ランダム化により，両群間での被験者の背景因子（性別，年齢，喫煙歴など）はまったく同じではないにしても，それらの分布が偶然的な差異を除いて同じになることが保証される．またランダム化は，偏りの除去だけでなく，第2章でみるように，ランダム化に基づく確率計算によって統計的な推測の妥当性を保証するという意味ももつ．さらには，第3章で詳しく扱うように，因果推論の肝となる条件でもある．

反復： データには，程度はどうであればらつきがつきものである．ばらつきがないのであればそもそも統計手法は必要ない．処置の効果が，そのようなばらつきを超えて存在するかどうかの吟味が必要であり，それにはばらつきの大きさを見積もる必要がある．実験を繰り返して測定値を得るのはそのためで

ある.ただしここでいう反復は,同じ実験条件の下での単なる繰り返し(repetition)だけでなく,実験条件の適切な設定により,たとえ同一実験条件で1回ずつしか実験が行われない場合でも同じ条件での繰り返しのような効果を示すことも含んでいる.詳細は,実験計画の書物を参照されたい.

局所管理: 実験対象は不可避的に不均一であると述べたが,それでも可能な限り環境条件を均一にする努力は必要である.環境条件が均一であればあるほど処置効果の統計的推測の精度が向上する.環境条件が均一な場はブロックという.同じブロック内での環境条件は同じようであることが望ましく,逆にブロック間では差が大きいほうがむしろ望ましい.ブロック間差が大きくても効果の大きさがほぼ一定であれば,実験結果の一般化が保証され外的妥当性が高められる.

代表的な実験計画には以下のようなものがある.

(a) 単純無作為割付け(simple random allocation): すべての個体を処置群あるいは対照群にランダムに割付ける.n個の個体を,1つずつ一定の確率p(たとえば$p=0.5$)でいずれかの群に割付ける場合と,全部でn個の個体を$p:1-p$の比率で振り分ける場合とがある.被験者が逐次的に実験にエントリーされる場合は前者のみ適用可能であるが,研究前にすべての個体が用意できている場合は後者も可能となる.

(b) 乱塊法(randomized block design): 実験の場をいくつかのブロックに分け(ブロック化),同一ブロック内で個体をランダムに処置群もしくは対照群に割付ける.ブロック内の無作為割付けについては上記の(a)が適用される.

(c) 一対比較(pair matching): 背景因子が同じ(もしくは類似の)個体を2つマッチングさせて用意し,片方に処置をもう片方に対照をランダムに割付ける.これは(b)のブロックのサイズを2にした場合でもある.その意味で,ブロック化とマッチングは類似である.

これらのうち,(a)の単純無作為割付けが最も簡単な割付け法であるが,時として処置群と対照群とで,たとえば処置群に男性が多く対照群には女性が多いといった偏りが生じる可能性がある.これは偶然の結果であるからと素直に受け入れることもあるが,もし仮に性別が処置効果に大きな影響を与えるよう

な場合には好ましくない．そこで，あらかじめ処置効果に影響を及ぼすことが想定できる因子に関しては両群でバランスをとることが推奨される．そのためにいくつかの手法が考案されている．バランスをとった上でランダム化する必要があるが，たとえば，処置群と対照群に男女10名ずつを逐次的に割り振るような実験デザインでは，最後の1名あるいは数名が割り振られる群が一意的に決まってしまうといった難点もある．ランダム化とバランスを両立させることが望まれる．

また，一対比較は，実験対象の個体の属性などを類似させた上で処置の効果をみるデザインであることから，効果がより鮮明に評価できるという利点がある．しかし，対をつくるためのマッチング変数をどう選ぶかという問題があり，マッチング変数が多くなるとマッチング相手となる被験者がいなくなってしまうという難点もある（この点については第5章の傾向スコアマッチングを参照）．また，マッチングさせても，個体間の類似度が高いかどうかの判断も難しい場合もあろう．

人間を対象とした試験では，実験室での実験と違い，処置群と対照群での個体の背景因子がまったく同一であることはありえない．しかし，両群間で個体間に系統的なインバランスが生じていたのでは，比較可能性が担保されず，処置効果の評価が困難なものとなる．個体の各処置へのランダム割付けは，そのような系統的な両群間の違いを排除できる唯一の方法である．すなわち，ランダム化により両群間での各個体のあらゆる背景因子の分布が，偶然的な変動を除いて同じになることが保証される．たとえば，両群間で，年齢そのものの値が全員50歳などと同じでなくても，年齢の分布が同じになるのである．これにより両群間での処置効果の評価が可能になる．このことが，実験研究が因果関係確立のためのゴールドスタンダードであるといわれるゆえんである．

1.5 変数の種類と相互の関係

統計的因果推論では，いくつかの種類の性格の異なる変数を扱う．ここでは，処置効果の有無を評価するという文脈で，それらの果たす役割と相互の関係を議論する．特に，変数間の関係の矢線での表現により，研究対象に対しどのよ

うなモデルを想定しているのかの視覚化の方法を示す.

統計的因果推論では,主として以下の4種類の変数が登場する.

Z：処置の割付けを表すダミー変数.処置効果に関する推論では,

$$Z = \begin{cases} 1 & （処置） \\ 0 & （対照） \end{cases}$$

とする.ここで,対照は処置を施さない場合も含む.Zのとりうる値は3個以上もしくは連続量であることもあるが,以下では主として2値であるとする.

Y：結果変数.連続量もしくは2値であり,2値の場合には

$$Y = \begin{cases} 1 & （有効） \\ 0 & （無効） \end{cases}$$

とする.

X：観測される共変量（covariate）.処置および結果変数以外に観測される第三の変数である.共変量は連続量もしくは2値とする.共変量が複数個（m個）ある場合には,明示的に$X=(X_1, ..., X_m)^T$とベクトル記号を用いて表すこともある.上付きのTでベクトルもしくは行列の転置を表す.共変量は,処置の影響を受けない変数である.すなわち共変量は,処置の割付け以前に値が定まっているか,あるいは性別や年齢のように処置後に観測されたとしても,処置の影響を受けていないことが明らかなものに限られる.

U：観測されない共変量.観測される共変量以外のすべての共変量を表す.通常,この種の共変量は無限個ありうる.

これら以外に,結果が観測されるか欠測になるかを表す変数Rや（第10章）,割り当てられた処置を実際に受けるか受けないかを表す変数Dなども用いる（第8章）.

上述の記号は本書で用いるものであり,書物によっては別の記号が用いられたり,あるいは同じ記号を別の意味に用いていたりするので注意が必要である.たとえば割付け変数のZはRosenbaum and Rubin（1983a）で用いられ,Rosenbaumはその後もZを用いている（Rosenbaum, 2010）.それに対し,統計的因果推論で多大な貢献をしているRubinは割付け変数にWを用いていて,

別の研究者によって T も用いられている．

　変数間の関係は矢線で表示するのがわかりやすい．これは方向付き非巡回グラフ（Directed Acyclic Graph：DAG）と呼ばれる．DAG とは，方向をもち，$A \to B \to C \to A$ のようなループ（サイクル）をもたないグラフのことである．詳細は，黒木訳（2009），宮川（2004），Pearl（2009）などを参照されたい．DAG では，Z が原因で Y が結果，すなわち Z が Y に対し因果的な効果をもつときは

$$Z \to Y \quad \text{あるいは} \quad Y \leftarrow Z$$

とする．Z と Y との間に関係がない場合は

$$Z \quad Y$$

のように，変数同士を矢線で結ばない．矢線で結ばれていない変数同士は独立であり，これを $Y \perp Z$（あるいは $Z \perp Y$）と書く．Z と Y との間に，因果ではなく関連あるいは相関がある場合には

$$Z \leftrightarrow Y \tag{1.1}$$

と双方向の矢線を書く．例1.1でみたように，相関関係は，両方の変数がともに第三の変数を原因とした結果であることと区別が付かないので，(1.1) は

$$Z \swarrow^{X} \searrow Y \quad \text{もしくは} \quad Z \swarrow^{U} \searrow Y \tag{1.2}$$

とも表現できる．(1.1) は方向がないので DAG ではないが，(1.2) は矢線が方向をもつので DAG である．

　これらの記号を用いて，共変量 X と Z および Y との関係を表現する．以下の4つの場合が考えられる．

（a）共変量 X は，処置の割付け Z にも結果変数 Y にも影響を与えない．

$$\begin{array}{c} X \\ Z \to Y \end{array}$$

（b）共変量 X は，処置の割付け Z に影響を与えないが，結果変数 Y に影響を与える．

$$\begin{array}{c} X \searrow \\ Z \to Y \end{array}$$

（c）共変量 X は，処置の割付け Z に影響を与えるが，結果変数 Y に影響を

与えない.

$$Z \xleftarrow{} \overset{X}{} \rightarrow Y$$

(d) 共変量 X は，処置の割付け Z にも結果変数 Y にも影響を与える．

実験研究で処置の割付けがランダムであれば，Z はいかなる共変量とも独立であることから，(a) あるいは (b) となる．共変量が Y のみに影響を与える (b) の状況では，効果の修飾 (modification) があるといい，X を modifier と呼ぶこともある．それに対し観察研究で，処置の割付けがランダムでなく，処置の選択が被験者自身に委ねられる自己選択 (self-selection) の場合は (c) もしくは (d) であろう．特に (d) である X を交絡因子 (confounding factor) と呼び，実際のデータ解析ではその扱いに注意が必要となる．

上で述べた4種類の典型的な分布を図 1.2 に示す．ここでは簡単のため共変量 X は1次元であるとする．一般に共変量は複数あるが，第4章で述べる傾向スコアでは，傾向スコアは1次元であるので，ここで1次元の場合について理

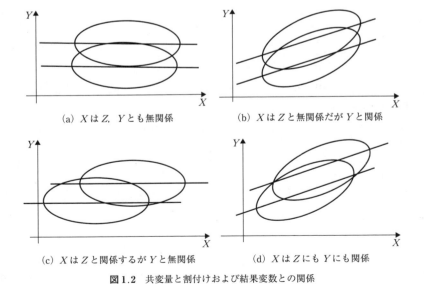

図 1.2 共変量と割付けおよび結果変数との関係

解しておくことは重要である．

図1.2の中で統計解析上最も問題となるのは（d）であり，図1.3に考えられるいくつかの状況を示す．図1.3の各状況は，例1.3および例1.4で示すように，結果の解釈を難しくする．特に，図1.3（d_1）は1.6節でも述べる有名なシンプソンのパラドクスを生み出す状況である．したがって，実際のデータ解析では，なるべく図1.3のような状況をつくりださないことが重要である．

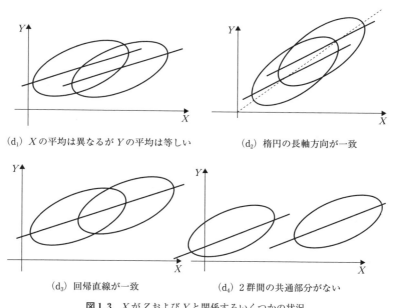

(d_1) Xの平均は異なるがYの平均は等しい　　　　(d_2) 楕円の長軸方向が一致

(d_3) 回帰直線が一致　　　　(d_4) 2群間の共通部分がない

図1.3 XがZおよびYと関係するいくつかの状況

例1.2　共変量の性格　コンピュータを活用した，新しいがやや資金の必要な教育方法を受けさせることにより，子どもの成績が上がるかどうかを調べる．新教育法を受けることを$Z=1$，従来の教育法を受けることを$Z=0$とし，達成度テストの点数をYとする．この場合，親の年収Xが共変量であるとする．実験研究で，被験者にどちらの教育法を受けさせるかをランダムに決めるのであれば，ZはXと独立になる（ZはXに限らず，そして観測・非観測を問わずす

べての共変量と独立になる). その場合であっても，親の年収 X は子どもの成績 Y に関係するであろうことから，上述の分類では (b) となる．実験が可能であれば，新教育法の効果の有無の判定と効果の大きさの推定を行うことができる．

それに対し，受ける教育を被験者自らあるいは家族などが選択するような観察研究では，年収が高い親ほど子どもに新教育法を受けさせることができ，また親の年収が高いと学習環境などもよいはずで，それがテストの点を高める効果ももつであろうことから，年収 X はテストの点数 Y のみならず教育法の選択 Z にも関係してくる．すなわち X は交絡因子となり，上述の分類での (d) となる．この場合は，親の年収が教育法の選択 Z に与える影響を排除しなければ，新教育法の効果の判定ができない．

例1.3 **Lord のパラドクス** 図1.3 (d_2) をとりあげる．Lord (1967) は次の問題を投げかけた．ある大学の食堂のメニューが，男女別の学生の体重に影響を与えているかどうかが問題となった．大学入学時の体重を X，学期終了時の体重を Y とし，(X, Y) は，男子学生では 2 変量正規分布 $N(70, 70, 5^2, 5^2, 12.5)$ に従い，女子学生では $N(60, 60, 5^2, 5^2, 12.5)$ に従っていたとする（ともに相関係数 0.5）．このときの回帰直線は，男子学生では $y = 35 + 0.5x$，女子学生では $y = 30 + 0.5x$ である．

統計家 A は体重の前後差 $Y - X$ を考え，男女ともその期待値は 0 であるので，食堂のメニューは男女ともに体重の増加に影響を与えていないと判断した．それに対し統計家 B は回帰分析を行い，男女とも同じ体重の学生を比較してみると，たとえば 64 kg では，

$$\text{男子}: y = 35 + 0.5 \times 64 = 67, \quad \text{女子}: y = 30 + 0.5 \times 64 = 62$$

となり，男子では 3 kg 増えているのに対し，女子では 2 kg 減少している．回帰直線は平行であるので，すべての x について同じことがいえる．すなわち，食堂のメニューが学生の体重に与える影響は男女で異なる．どちらの統計家の言い分が正しいのか？

例 1.4 逆回帰（reverse regression） これも図 1.3 (d_2) の状況である．賃金の男女格差の研究で議論が沸騰した（たとえば Conway and Roberts (1983) を参照）．Y を 1 日当たりの賃金（単位：千円），X を労働時間（単位：時間）とする．(X, Y) は，男性では $N(7, 7, (0.5)^2, (0.5)^2, 0.125)$ に従い，女性では $N(6, 6, (0.5)^2, (0.5)^2, 0.125)$ に従っているとする（ともに時給 1,000 円．図 1.4）．共変量の労働時間 X を無視して，「1 日当たりの賃金が男性では 7,000 円，女性では 6,000 円であるので差別だ」という議論はもちろんナンセンスである．X から Y への回帰式は，男性では $y = 3.5 + 0.5x$ であり，女性では $y = 3.0 + 0.5x$ である．同じ労働時間で比べてみると，たとえば 6.4 時間とすると，

男性：$y = 3.5 + 0.5 \times 6.4 = 6.7$，女性：$y = 3.0 + 0.5 \times 6.4 = 6.2$

と男性のほうが 500 円多く，性差別（女性に不利）が存在すると結論される．一方，Y から X への回帰を求めると，男性では $x = 3.5 + 0.5y$ であり，女性では $x = 3.0 + 0.5y$ である．この回帰式から，同じ賃金を得るためには何時間働かなくてはいけないかを算出すると，たとえば，同じ 6,400 円得るためには，

男性：$x = 3.5 + 0.5 \times 6.4 = 6.7$，女性：$x = 3.0 + 0.5 \times 6.4 = 6.2$

と男性のほうが 0.5 時間多く働く必要がある，という意味で性差別（男性に不利）が存在すると結論される．

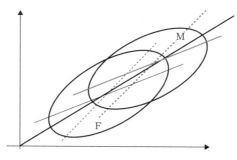

図 1.4 男女別の労働時間と賃金

1.6 交絡の調整

　実験研究において，1.5 節の (b) のように共変量 X が処置の割付け Z に関係せず，結果変数 Y にのみ関係する場合には，共変量を考慮しなくても処置効果を偏りなく推定できるが，共変量を考慮したほうが推測の効率が上がることから，共変量を取り込んだ解析が奨励される．一方，観察研究では，1.5 節の (a) もしくは (b) の状況はほとんどの場合期待できず，おおむね (c) もしくは (d) となる．共変量 X が (c) の処置の割付け Z と関係するが結果変数 Y と無関係であるときは，X を無視して Y の分布のみによって群間比較を行っても (Y の周辺分布によって推測を行っても)，推定結果は変わらないことから，データ解析において特に共変量を考慮する必要はない．しかし，X が (d) の交絡因子で Z にも Y にも影響を与える場合には，共変量を無視して Y の周辺分布のみを考察の対象とすると，処置効果の推定に偏りを生じる．したがって，X の Z への影響をなくす手立てを講じる必要がある (X の Y へ影響は積極的に活用すべきである)．これを共変量で調整する (adjust for) という．共変量での調整は，基本的に共変量 X の値ごとに Z と Y との関係を条件付きで評価し，それを X の分布で統合することによって達成される．共変量で調整してその影響をなくすことを，DAG での表現では，$X \to Z$ の矢線を切り

$$\begin{array}{c} X \\ \swarrow \searrow \\ Z \to Y \end{array} \quad \Rightarrow \quad \begin{array}{c} X \\ \searrow \\ Z \to Y \end{array}$$

と表現する．

　共変量による調整は，計画段階すなわち解析に用いるデータを用意する段階と，データ取得後の解析の段階とに分かれる．計画段階では，処置群と対照群で共変量の分布が同じになるような個体を選び出すことが考えられる．多くの場合，処置群のほうの個体数が少ないので，処置群と共変量の分布が同じになるような個体を対照群から選び出すことになる．そのために処置群の各個体と共変量の値が同じもしくは似通った個体をマッチング (matching) させて選択する．マッチングに関しては第 5 章で詳しく議論する．

　計画段階のもう 1 つの方法は層化 (stratification)，小分類法 (subclassification）である．共変量の値が同じかもしくは似通った層に全体のデータを分割し，層ごとに処置効果を推定した上で，それらをまとめあげて全体での効果とする．層化は調査でも用いられ，その際には母集団全体を性質の似通った層に分け，各層からまんべんなく観測値を得る目的で用いられる．層化は第6章で扱う．層を個体レベルまで細かくした層化がマッチングであることから，マッチングと層化は類似の方法であるともいえる．

　解析段階での代表的な手法が共分散分析（analysis of covariance：ANCOVA）およびロジスティック回帰（logistic regression）である．共分散分析は，結果変数 Y が連続的な場合の手法で，Y と Z および X に対し，

$$Y = \alpha + \tau Z + \beta X + \varepsilon$$

のようなモデルを想定する．一方，ロジスティック回帰は結果変数 Y が2値 $(0, 1)$ の場合の手法で，確率 $p = P(Y=1)$ に対し，

$$\log\{p/(1-p)\} = \alpha + \tau Z + \beta X$$

を想定する．共分散分析については2.3節で，ロジスティック回帰については2.4節でそれぞれ議論する．

　計画段階および解析段階の両方に関係した手法として，逆確率重み付け（inverse probability weighting：IPW）法がある．この方法は，個体 i が抽出される確率を p_i とし，結果変数の観測値を y_i としたとき，その観測値に抽出確率の逆数の $1/p_i$ の重みを加えて分析に用いるものである．この重み付け法は第7章で扱う．

　共変量の調整法には，上述のようにさまざまな手法があることから，データの種類および背景情報の多寡などに応じて，適切な手法を選択するなり，あるいはいくつかの手法を組み合わせて用いる必要がある．いずれにせよ，交絡因子が存在する場合には，その調整が必須である．

例 1.5 **シンプソンのパラドクス**　Simpson（1951）は表1.2の数値例を挙げ，分割表を層別した場合と併合した場合とで結論が変わりうることを示した．表1.2(a)は，臨床試験を模したもので，この場合は処置の有無が Z，処置の有効・無効が Y であり，性別が共変量 X となっている．表から明らかなように，X は Z にも Y にも影響を与えている．すなわち，男性よりも女性のほうが

表 1.2 シンプソンのパラドクス
(a) 臨床試験における有効・無効

男性	有効	無効	計	有効率
処置	8	5	13	0.615
対照	4	3	7	0.571
計	12	8	20	0.600

女性	有効	無効	計	有効率
処置	12	15	27	0.444
対照	2	3	5	0.400
計	14	18	32	0.438

合計	有効	無効	計	有効率
処置	20	20	40	0.5
対照	6	6	12	0.5
計	26	26	52	0.5

(b) 子どもが遊んだ結果のトランプ

汚れ	赤	黒	計	有効率
数字	8	5	13	0.615
絵札	4	3	7	0.571
計	12	8	20	0.600

きれい	赤	黒	計	有効率
数字	12	15	27	0.444
絵札	2	3	5	0.400
計	14	18	32	0.438

合計	赤	黒	計	有効率
数字	20	20	40	0.5
絵札	6	6	12	0.5
計	26	26	52	0.5

処置となる割合が大きく,男性のほうが女性よりも有効率が高い.男女に層別してデータをみると,いずれでも処置の有効率は対照の有効率よりも高く(ともにオッズ比は 1.2 であることが示される),この場合は,男女への層別により処置の効果がありと判定される.

しかし Simpson は巧妙にも,同じ数値例に対し違う解釈を与えている.表 1.2 (b) は,子どもが遊んで汚してしまったトランプであるとしている.この場合,Z はトランプの絵札か数字札かを表し,Y はトランプの色(赤(ハート,ダイヤ)・黒(スペード,クラブ))を表している.また,子どもがトランプを汚したかそうでないかが X と想定されている.子どもは,数字札よりも絵札を,黒よりも赤い札を好んで遊び,その結果札を汚してしまったとされる.この場合は明らかに,トランプの絵札・数字札と赤・黒との間に関係はないことから,層別をしないほうが正しい解釈を与えている.臨床試験の場合には性別 (X) が処置の有無 (Z) および有効性 (Y) に対して影響を与えていたが,子どもの例では逆に,トランプの札の種類 (Z) と色の種類 (Y) が子どもの好み (X) に対して影響を与えている(図 1.5).

図 1.5 シンプソンのパラドクスの矢線表示

シンプソンのパラドクスは，分割表を無条件で併合してはならないことを示唆すると同時に，分割表の結果の解釈は，その数字が何を表しているか，因果の方向はどちらかといった条件に依存することを教えてくれている（Keiding and Clayton (2014) を参照）.

1.7　種々のアプローチ

因果関係の統計的評価法にはいくつかのアプローチ法がある．そのおもなものとして，(a) 潜在的な結果（potential outcomes）に基づく反事実モデル（counterfactual model），(b) 同時方程式モデル（simultaneous equation model），(c) 構造方程式モデル（structural equation model），(d) 方向付き非巡回グラフ DAG に基づくグラフィカルモデリングが挙げられる．本書では(a) のアプローチを中心に解説する．このモデルは，古くは実験研究（農事試験）でのネイマンの研究にさかのぼるとされる（Neyman (1923), Rubin (1990) を参照）．ネイマンの実験研究での研究を観察研究に拡張し，処置の割付けの重要性の指摘に加え，傾向スコアの導入など観察研究での因果推論に大きな貢献をした Rubin にちなんで，このモデルは Rubin causal model（RCM）とも呼ばれる（Holland, 1986）．また Rubin は，第3章で述べるように，因果推論の本質は欠測データの問題ととらえている．欠測データに関する統計的推測に関しては Little and Rubin (2002)，岩崎 (2002)，阿部 (2016) を参照されたい．

因果関係の確立では実験研究がゴールドスタンダードであるが，研究分野によっては実験ができないことが多い．特に社会科学ではそうであり，そのため独自の因果推論の方法論が発展した．計量経済学ではノーベル賞学者 Heckman を筆頭に，(b) の同時方程式モデルに関する膨大な研究の蓄積がある（Woodward (2014), Heckman (2005) など）．本書ではここには立ち入ってはいない．また，心理学や社会学では，使いやすいソフトウェアの普及もあって，共分散構造分析とも呼ばれる (c) の構造方程式モデルの適用が多くの研究成果を生み出している（狩野・三浦 (2002), および豊田 (1998) に続く豊田の一連の著作を参照）．一方，情報科学の分野からは，グラフ理論を用いた (d)

のグラフィカルモデルの研究が進み，因果関係の確立の理論的な基礎付けに大きな貢献を果たしている（Pearl（2009），宮川（2004），黒木訳（2009）など）．

因果推論の応用は，医薬疫学分野からマーケティングなどに至るまで，幅広い研究分野に浸透し，優れた日本語の書籍（甘利ほか（2002），星野（2009）など）あるいは海外の書籍の翻訳（黒木訳（2009），大森ほか訳（2013），木原・木原訳（2008）など）が入手可能となっている．一方，目を海外に転じれば，Angrist and Pischke（2009），Berzuini, et al.（2012），Faries, et al.（2010），Freedman（2010），Gelman and Hill（2007），Guo and Fraser（2015），Hernán and Robins（2015），Holms（2014），Imbens and Rubin（2015），Morgan（2013），Morgan and Winship（2015），Morton and Williams（2010），Rosenbaum（2002a, 2010），Rubin（2006），Shadish, et al.（2002），Shipley（2000），Weisberg（2010）など，多くの書籍の出版が続いているし，今後も続くであろうことが予想される．特に，Angrist and Pischke（2009），Gelman and Hill（2007），Morgan and Winship（2015）はペーパーバックで，欧米の大学あるいは大学院などで教科書として用いられてもいるようである．

学術論文も，統計学のジャーナルをはじめ，多くの研究分野における学術雑誌に膨大な数が発表されている．もちろんそれらすべてを網羅することは不可能であるが，それらの中でも比較的読みやすい解説論文および総合報告を，巻末の文献表にアスタリスクをつけて掲載した．

因果推論の中でも傾向スコアを用いた観察研究は，ソフトウェアの提供もあり（Faries, et al., 2010），医薬疫学分野をはじめマーケティングの分野でも多くの応用例が報告されている．Rubin（2004）は，因果推論的なアプローチを大学あるいは大学院での統計学のカリキュラムに組み込むことを提唱しているが，上述のペーパーバックの出版も考え合わせると，本書で扱うような内容が，大学の学部あるいは大学院における統計教育に必須のものとなる日も近いのではあるまいか．

Chapter 2
群間比較の統計数理

　群間比較のための統計手法を統計的因果推論の観点からレビューする．実験研究であれば，ここで述べる手法により因果関係が推論できる．本章では2群の比較とし，ある新しい処置の効果を，処置群と対照群との比較によって評価する．2.1節ではYのとる値が2値の場合を，2.2節ではYが連続値をとる場合を扱う．2.3節では，因果推論で重要な役割を果たす共分散分析について議論し，2.4節ではロジスティック回帰について簡単に触れる．

2.1　有効率の比較

　処置群（$Z=1$）および対照群（$Z=0$）の2群のそれぞれに対し，各群での処置の結果は「有効」あるいは「無効」のいずれかで評価されるとし，それをダミー変数Y（1：有効，0：無効）で表す．各群での結果を区別して扱う場合はそれぞれY_1, Y_0とする．処置群および対照群での有効率をそれぞれ

$$p_1 = P(Y_1 = 1) = P(Y = 1 \mid Z = 1)$$

および

$$p_0 = P(Y_0 = 1) = P(Y = 1 \mid Z = 0)$$

と置く．これらは各群での期待値，すなわち

$$p_1 = E[Y_1] = E[Y \mid Z = 1], \quad p_0 = E[Y_0] = E[Y \mid Z = 0]$$

であることに注意する．

　データ取得の計画としては，個体（被験者）をランダムに処置群と対照群に振り分ける場合と，何らかの背景因子が類似した2名1組のペアをつくり（ペアマッチング），片方を処置とし，もう片方を対照として結果を観測する一対比

較とがある．前者を独立な場合，後者を対応のある場合という．以下では，これら2つの場合につき，処置効果の統計解析法を概観し，それらの比較を行う．

2.1.1 独立な場合

処置の効果は各有効率 p_1 と p_0 の比較で評価される．個体（被験者）を各群にランダムに振り分けて結果を観測する場合，両群での個体は別の人間であるので，観測結果は独立となる．このときの確率の定義は表2.1のようであり，処置効果を表す指標としては，以下のような差（difference），比（ratio），オッズ比（odds ratio：OR）が標準的に用いられる：

$$差：\delta = p_1 - p_0$$
$$比：r = p_1/p_0$$
$$オッズ比：\omega = \frac{p_1/(1-p_1)}{p_0/(1-p_0)}$$

それぞれのとりうる値は $-1 \leq \delta \leq 1$, $0 \leq r < \infty$, $0 < \omega < \infty$ であり，処置の効果がなく $p_1 = p_0$ のときそれぞれ $\delta = 0$, $r = 1$, $\omega = 1$ となる．

表 2.1 独立な場合の確率

確率	有効（$Y=1$）	無効（$Y=0$）	計
処置群（$Z=1$）	p_1	$1-p_1$	1
対照群（$Z=0$）	p_0	$1-p_0$	1

医学研究では，相対差（relative difference）$(p_1-p_0)/p_0$ が用いられることも多いが，これは $r-1$ となるので，その統計的性質は比 r と同じである．また，疫学では，結果変数は何らかの事象の生起の有無で，多くの場合には死亡や疾病の発生などネガティブなものであることが多いことから，δ をリスク差（risk difference：RD），r をリスク比（risk ratio）もしくは相対リスク（relative risk）と呼ぶ（いずれも RR と略記される）．また，オッズ比はその対数をとった対数オッズ比 $\phi = \log \omega$ として扱われることも多い．対数オッズ比の定義域は $-\infty < \phi < \infty$ であるので数学的に扱いやすい．

差 δ および比 r は，簡単な定義による指標であるが，p_1 および p_0 の値によってはその解釈に注意が必要である．$p_1 = 0.51$, $p_0 = 0.50$ とすると，差は $\delta = 0.01$

であるが，この値は $p_1 = 0.011$, $p_0 = 0.001$ の場合の $\delta = 0.01$ とは意味合いが異なるであろう．前者では2群間に顕著な差があるとは認められないが，後者ではそうではない．比では，前者では $r = 1.02$, 後者では $r = 11$ となり，両者の違いが明白となる．逆に，比は，確率の値が小さいときには，両群での違いが過度に強調されることにもなるので注意が必要である．ここでの例では，リスクが11倍増えるというと相当に大きなリスクの増大ととらえられるが，実際の差は0.01にすぎない．

オッズ比 ω は，確率値が小さいときは比 r の近似となる．疫学では，死亡や重篤な有害事象など発生率が小さな事象を扱うことから，オッズ比がリスク比の近似として用いられるが，確率があまり小さくない場合はその限りではなく，結果の解釈に注意が必要である（たとえば Grant (2014) などの指摘）．具体的に $p_1 = 0.015$, $p_0 = 0.010$ とすると，$RR = 1.5$, $OR = 1.5076$ であるが，$p_1 = 0.6$, $p_0 = 0.4$ では，$RR = 1.5$, $OR = 2.25$ となり，前者では OR が RR を近似しているのに対し，後者ではそうではない．実際，

$$OR = RR \times \frac{1-p_0}{1-p_0 RR} = RR \times \frac{1-p_1/RR}{1-p_1}$$

であるので，p_0 もしくは p_1 が小さくないときは，OR は RR を過大評価し，処置効果が過度に大きいという印象を与えかねない．オッズ比は，その解釈が難しいとはいえ，ケース・コントロール研究では欠かせない評価指標である（第9章を参照）．

次に各確率に関する統計解析法をみる．全部で N 人の被験者がランダムに m 人および n 人ずつ2群に分けられた場合の観測結果は表2.2の形にまとめられる．これを 2×2 の分割表（contingency table）という．ここで，各群での個体数 m と n は，たとえば $1:1$ あるいは $2:1$ に割付けを行うなどのように，研究計画によって定められる値であり，s と t は得られた結果から事後的に計算さ

表2.2 独立な場合の観測度数

度数	有効 ($Y=1$)	無効 ($Y=0$)	計
処置群 ($Z=1$)	a	b	m
対照群 ($Z=0$)	c	d	n
計	s	t	N

れる値という意味で確率変数の実現値である.

　各群で，各被験者が有効となる確率はすべて等しく p_1 および p_0 であり，各被験者の結果は互いに独立であるとすると，有効者数 a, c はそれぞれ独立に二項分布（binomial distribution）$B(m, p_1)$ および $B(n, p_0)$ に従う．このとき，各確率の点推定値は，$\hat{p}_1 = a/m, \hat{p}_0 = c/n$ であり，それらの標準誤差（standard error : SE）はそれぞれ

$$SE[\hat{p}_1] = \sqrt{\hat{p}_1(1-\hat{p}_1)/m}, \quad SE[\hat{p}_0] = \sqrt{\hat{p}_0(1-\hat{p}_0)/n}$$

で与えられる．差 $\delta = p_1 - p_0$ の推定値は $\hat{\delta} = \hat{p}_1 - \hat{p}_0$ であり，その標準誤差は

$$SE[\hat{\delta}] = \sqrt{\frac{\hat{p}_1(1-\hat{p}_1)}{m} + \frac{\hat{p}_0(1-\hat{p}_0)}{n}}$$

となることから，差 δ の信頼係数 $100(1-\alpha)$ % の信頼区間の上下限は，二項分布の正規近似により

$$\hat{\delta} \pm z(\alpha/2) SE[\hat{\delta}] \tag{2.1}$$

となる．ここで $z(\alpha/2)$ は標準正規分布 $N(0, 1)$ の上側 $100\alpha/2$ %点である（95%信頼区間（$\alpha = 0.05$）では $z(0.025) = 1.96$）．

　比 r およびオッズ比 ω の点推定値はそれぞれ，$\hat{r} = (a/m)/(c/n), \hat{\omega} = (a/b)/(c/d) = (ad)/(bc)$ で推定される．それらの自然対数をとった $\log \hat{r}$ および $\log \hat{\omega}(=\hat{\psi})$ について，それらの標準誤差は近似的に

$$SE[\log \hat{r}] = \sqrt{\frac{1}{a} - \frac{1}{m} + \frac{1}{c} - \frac{1}{n}}, \quad SE[\log \hat{\omega}] = \sqrt{\frac{1}{a} + \frac{1}{b} + \frac{1}{c} + \frac{1}{d}} \tag{2.2}$$

であることが示される（岩崎（2004, 2010）あるいは Fleiss（1981）などを参照）．よって，$\log r$ および $\log \omega$ の $100(1-\alpha)$ %信頼区間の上下限は（2.2）の標準誤差を用いて

$$\log \hat{r} \pm z(\alpha/2) SE[\log \hat{r}], \quad \log \hat{\omega} \pm z(\alpha/2) SE[\log \hat{\omega}] \tag{2.3}$$

となる．比 r あるいはオッズ比 ω そのものの信頼区間は，（2.3）で求めた値の指数をとることで得られる．

　処置効果の検定での帰無仮説 H_0 および対立仮説 H_1 は

$$H_0 : p_1 = p_0 \text{ vs. } H_1 : p_1 \neq p_0 \tag{2.4}$$

である．標本有効率 $\hat{p}_1 = a/m, \hat{p}_0 = c/n$ を用いた検定では，（2.4）の帰無仮説

2.1 有効率の比較

H_0 の下での有効率を $p(=p_1=p_0)$ とすると，

$$E[\hat{p}_1 - \hat{p}_0 | H_0] = 0, \quad V[\hat{p}_1 - \hat{p}_0 | H_0] = \left(\frac{1}{m} + \frac{1}{n}\right)p(1-p) \tag{2.5}$$

である．共通の p の推定値は，表2.2の記号を用いると $\hat{p}=s/N$ であるので，(2.5) の分散の式の p に $\hat{p}$ を代入して

$$SE[\hat{p}_1 - \hat{p}_0 | H_0] = \sqrt{\left(\frac{1}{m} + \frac{1}{n}\right)\hat{p}(1-\hat{p})} \tag{2.6}$$

とし，

$$U = \frac{\hat{p}_1 - \hat{p}_0}{SE[\hat{p}_1 - \hat{p}_0 | H_0]} \tag{2.7}$$

とすると，U は，m および n がある程度大きいとき，近似的に標準正規分布 $N(0, 1)$ に従うので，これを用いて検定する．具体的には，(2.7) の U の実現値を u としたとき，両側 P 値は $P = P(|U| \geq |u|)$ と計算される．

あるいは，表2.2の2×2表の独立性のカイ2乗統計量（ピアソン・カイ2乗）

$$\chi^2_{\text{Pearson}} = \frac{N(ad-bc)^2}{mnst} \tag{2.8}$$

が，H_0 の下で，各度数がある程度大きいとき近似的に自由度1のカイ2乗分布に従うことを用いて検定する．ここで，$(ad-bc)/\sqrt{mnst}$ は割付け Z と結果変数 Y との間の相関係数となることが示されるので，Z と Y との関係が強い，すなわち処置の種類により結果が大きく影響されるときに H_0 が棄却されるというわかりやすい解釈が得られる．統計量 (2.8) に連続修正（continuity correction，イェーツの補正（Yates' correction）ともいう）を施した

$$\chi^2_{\text{Yates}} = \frac{N(|ad-bc| - N/2)^2}{mnst} \tag{2.9}$$

のほうが，カイ2乗分布の近似がよくなるとされる（後述の例2.1を参照）．なお，(2.7) と (2.8) の統計量間には $\chi^2_{\text{Pearson}} = U^2$ なる関係が示されることから，それらに基づく検定は同等である．また，信頼区間と検定との関係，すなわち「有意水準 $100\alpha\%$ の両側検定での帰無仮説の値が信頼係数 $100(1-\alpha)\%$ の信頼区間に含まれないとき，その検定は統計的に有意となる」が成り立つためには，

(2.1) の信頼区間の分母の $SE[\hat{\delta}]$ の代わりに (2.6) の $SE[\hat{p}_1-\hat{p}_0|H_0]$ を用いる必要がある．

次に，表2.2の2×2分割表のフィッシャー検定（Fisher exact test，フィッシャーの正確検定あるいは直接確率計算法ともいわれるが，以下では簡単のため単にフィッシャー検定と呼ぶ）について述べる．表2.2は図2.1のようなデータの集計である．

$$
\begin{array}{c|cccc}
 & \overbrace{}^{a} & \overbrace{}^{b} & \overbrace{}^{c} & \overbrace{}^{d} \\
Z & 1\cdots 1 & 1\cdots 1 & 0\cdots 0 & 0\cdots 0 \\
Y & 1\cdots 1 & 0\cdots 0 & 1\cdots 1 & 0\cdots 0
\end{array}
$$

図 2.1 観測データの図示

二項分布に基づく確率計算は，処置の割付け，すなわち各群への m 人および n 人の振り分けをランダムに行った後に結果 Y を観測したとの前提で行われたものである．すなわち第 i 番目の被験者については，その処置の割付け（$Z_i=1$, 0）があり，その後に確率 p_1（もしくは p_0）および $1-p_1$（もしくは $1-p_0$）で $Y=1$ または 0 が観測されたとしている．この場合の確率変数は，各群での $Y=1$ の個数 a および c であり，それらの和 $s=a+c$ も確率変数である．

ここで発想を変え，図2.1の各被験者の結果 Y の値は，被験者ごとに決まっているものとする．すなわち図2.1の Y の行は固定であり，表2.2の $Y=1$ の合計値 s も固定である．そして，処置の割付けをランダムにする，すなわち，全部で N 人の（Y の値が決まっている）被験者から処置を割付ける対象の被験者をランダムに m 人選ぶとする．この場合，確率的な変動をするのは Y ではなく Z であり，確率変数は，ランダムに選ばれた m 人の中の $Y=1$ の個数である（これを A とする）．このとき A は，(2.4) の帰無仮説 H_0 の下で，超幾何分布（hypergeometric distribution）$H(m, s, N)$ に従う．フィッシャー検定は，この超幾何分布の確率計算に基づき，観測された値 a に対し，$P=P(A\geq a)$ もしくは $P(A\leq a)$ として（片側）P 値を求める．この検定は，あらかじめ定められた各群のサンプルサイズ m, n に加え，実際に観測しなければわからない有効者数 s も与えられたという条件の下で確率計算を行うことから，条件付き検定（conditional test）と呼ばれる検定法の1つである．

フィッシャー検定は片側検定であるので，(2.4) のような両側検定では，求められた片側 P 値を 2 倍する，あるいは $P(A=a)$ 以下となる確率を足し上げることで両側 P 値とする（使用するソフトウェアによってはどちらの定義かを確認する必要がある）．また，イェーツの補正を施した統計量 (2.9) はフィッシャー検定での超幾何分布の正規近似であり，求められた P 値はフィッシャー検定での両側 P 値のよい近似となっている．

例 2.1 独立な場合の 2 群比較　Fleiss (1981, Table 8.2) では，後述の 2.1.2 項の例 2.2 の表 2.6 の数値例により対応のある場合の計算例を示しているが，ここでは同じデータを，対応がある場合との比較も意図し，対応がないとして集計しなおした表 2.3 の度数を用いる．なお，以下で示す小数値は，表示した次の桁で四捨五入したものである．

表 2.3　独立な場合の観測度数

度数	有効 ($Y=1$)	無効 ($Y=0$)	計
処置群 ($Z=1$)	35	65	100
対照群 ($Z=0$)	20	80	100
計	55	145	200

各群の有効率の点推定値は，$\hat{p}_1 = 35/100 = 0.35$，$\hat{p}_0 = 20/100 = 0.2$ であるので，差 δ の点推定値は $\hat{\delta} = 0.35 - 0.2 = 0.15$ である．標準誤差は

$$SE[\hat{\delta}] = \sqrt{0.35 \times 0.65/100 + 0.2 \times 0.8/100} = 0.062$$

であるので，δ の 95% 信頼区間は

$$0.15 \pm 1.96 \times 0.062 = (0.028, 0.272)$$

となる．比 r の点推定値は $\hat{r} = 0.35/0.2 = 1.75$ であり，オッズ比 ω の点推定値は $\hat{\omega} = (35/65)/(20/80) = 2.154$ となる．それぞれ対数をとり，比の対数は $\log 1.75 = 0.560$，対数オッズ比は $\log 2.154 = 0.767$ となり，それらの標準誤差はそれぞれ

$$SE[\log \hat{r}] = \sqrt{\frac{1}{35} - \frac{1}{100} + \frac{1}{20} - \frac{1}{100}} = 0.242,$$

$$SE[\log \hat{\omega}] = \sqrt{\frac{1}{35} + \frac{1}{65} + \frac{1}{20} + \frac{1}{80}} = 0.326$$

となる．よって，$\log r$ の 95％信頼区間は

$$0.560 \pm 1.96 \times 0.242 = (0.085, 1.034)$$

で与えられ，$\log \omega$ の 95％信頼区間は

$$0.767 \pm 1.96 \times 0.326 = (0.128, 1.407)$$

で与えられる．元の r および ω の 95％信頼区間はそれぞれ

$$(\exp[0.085], \exp[1.034]) = (1.089, 2.812)$$

$$(\exp[0.128], \exp[1.407]) = (1.136, 4.083)$$

となる．

　検定では，帰無仮説 H_0 の下での p の点推定値は $\hat{p} = 55/200 = 0.275$ であり，その標準誤差は（2.6）より

$$SE[\hat{p}_1 - \hat{p}_0 | H_0] = \sqrt{\left(\frac{1}{100} + \frac{1}{100}\right) \times 0.275 \times 0.725} = 0.063$$

であるので，検定統計量の値は（2.7）より

$$u = (0.35 - 0.2)/0.063 = 2.381$$

であり，このときの P 値はソフトウェアを用いると $P = 0.0175$ となる．Excel では

$$P = 1 - \text{NORMSDIST}(2.375) = 1 - 0.9825 = 0.0175$$

と求められる．分割表の独立性のカイ 2 乗統計量は（2.8）より

$$\chi^2_{\text{Pearson}} = \frac{200(35 \times 80 - 65 \times 20)^2}{100 \times 100 \times 55 \times 145} = 5.643$$

と求められ，自由度 1 のカイ 2 乗分布に基づく P 値は $P = 0.0175$ となる．Excel では

$$P = \text{CHIDIST}(5.643, 1) = 0.0175$$

と求められる．相関係数は $(35 \times 80 - 65 \times 20)/\sqrt{100 \times 100 \times 55 \times 145} = 0.168$ となる．また，$u^2 = (2.375)^2 = 5.643$ であり，カイ 2 乗分布から求めた P 値は u に基づく P 値と一致する．イェーツの補正を施すと，（2.8）より

$$\chi^2_{\text{Yates}} = \frac{100(|35 \times 80 - 65 \times 20| - 100/2)^2}{100 \times 100 \times 55 \times 145} = 4.915$$

となり,このときのP値は$P=0.0266$となる.いずれも有意水準を5%とすると,統計的に有意である.

フィッシャー検定では,検定統計量の値は$a=35$であり,超幾何分布H(100, 55, 200)に従う確率変数をAとすると,両側P値は片側P値を2倍して$P = 2 \times P(A \geq 35) = 0.0261$となる.Excelでは

$$P = (1 - \text{HYPGEOM.DIST}(34, 100, 55, 200, 1))*2 = 0.0261$$

である.このP値はイェーツの補正を施したカイ2乗統計量から求められるP値の0.0266にきわめて近い.

2.1.2 対応のある場合

マッチングさせた対応のあるデータ(Y_1, Y_0)がそれぞれ2値(1:処置,0:対照)のとき,確率は表2.4のように定義される.

表2.4 対応がある場合の確率

確率		対照 ($Z=0$)		
		有効 ($Y_0=1$)	無効 ($Y_0=0$)	計
処置 ($Z=1$)	有効 ($Y_1=1$)	p_{11}	p_{10}	p_1
	無効 ($Y_1=0$)	p_{01}	p_{00}	$1-p_1$
	計	p_0	$1-p_0$	1

各変数の期待値は$E[Y_1] = P(Y_1=1) = p_1$,および$E[Y_0] = P(Y_0=1) = p_0$であり,分散は$V[Y_1] = p_1(1-p_1)$および$V[Y_0] = p_0(1-p_0)$である.Y_1とY_0の共分散は

$$Cov[Y_1, Y_0] = E[Y_1 Y_0] - E[Y_1]E[Y_0] = p_{11} - p_1 p_0 \tag{2.10}$$

となる.これより相関係数は形式的に,$0 < p_1, p_0 < 1$のとき

$$R = R[Y_1, Y_0] = \frac{p_{11} - p_1 p_0}{\sqrt{p_1(1-p_1)p_0(1-p_0)}} \tag{2.11}$$

と書ける.すなわち,同時確率p_{11}が対応の強さを規定するパラメータであり,

$p_{11}=p_1 p_0$ のとき Y_1 と Y_0 は独立(対応がない)となる.表2.4の確率表の対角部分 p_{11}, p_{00} が非対角部分 p_{10}, p_{01} よりも大きければ正の相関,小さければ負の相関となる.

各有効率 p_1 および p_0 が与えられたとき,p_{11} の動く範囲は $\max(0, p_1+p_0-1)$ $\leq p_{11} \leq \min(p_1, p_0)$ であり,$p_1 \geq p_0 > 0$ とすると,相関係数 R のとりうる範囲は,$p_1+p_0>1$ のとき

$$-\sqrt{\frac{1-p_1}{p_1} \cdot \frac{1-p_0}{p_0}} \leq R \leq \sqrt{\frac{1-p_1}{p_1} \cdot \frac{p_0}{1-p_0}}$$

となり,$p_1+p_0<1$ のときは

$$-\sqrt{\frac{p_1}{1-p_1} \cdot \frac{p_0}{1-p_0}} \leq R \leq \sqrt{\frac{1-p_1}{p_1} \cdot \frac{p_0}{1-p_0}}$$

となる.下限はいずれの場合も -1 にはならない.下限が -1 になるのは,$p_1+p_0=1$ の場合に限る.なお,上限はいずれの場合も $p_1=p_0$ の場合に1となる.

対応のある場合の処置効果の主たる評価指標は,

差:$\delta = p_1 - p_0 = p_{10} - p_{01}$
比:$r = p_1/p_0$
オッズ比:$\omega^* = p_{10}/p_{01}$

である.オッズ比の定義が2.1.1項の独立な場合とは異なる点に注意する (Fleiss, 1981).差およびオッズ比では,ペアで結果の異なる確率 p_{10} と p_{01} のみが指標の値に関係する点は重要である.オッズ比 ω^* は,結果の異なる組での処置で有効となる条件付き確率 $p^* = p_{10}/(p_{10}+p_{01})$ に関するオッズ $\omega^* = p^*/(1-p^*)$ でもある.比 r は分母分子に同じ p_{11} を含むことからその解釈が難しく,対応のあるデータではあまり使われない.さらに,人文社会系の研究ではファイ係数 (phi coefficient)

$$\phi = \frac{p_{11}p_{00} - p_{10}p_{01}}{\sqrt{p_1(1-p_1)p_0(1-p_0)}} \tag{2.12}$$

が求められることもある(四分位相関係数とも呼ばれる).これは表2.4の四分表の行と列の独立性を測る尺度であり,ダミー変数 Z と Y の間の相関係数である.上述の各指標の意味に関する考察が岩崎(2010)の3.6節にある.

背景因子などが類似である2人の被験者をペアとし,そのペアが全部で N^*

組あるとする.各ペアの片方には処置を施し,もう片方は対照として結果を観察した場合の観測度数は表 2.5 のようにまとめられる(表 2.2 と区別するため,各度数にはアスタリスク(*)を付けた).たとえば処置を施されて有効となる人数 $a^* + b^*$ は,表 2.2 の独立な場合の処置群での有効者数と対応することから同じ記号 a を用いた(他の合計度数も同様).各組に 2 人ずつの被験者がいるので,総被験者数は $2N^*$ 人である.

表 2.5 対応がある場合の観測度数

確率		対照 ($Z=0$)		
		有効 ($Y_0=1$)	無効 ($Y_0=0$)	計
処置 ($Z=1$)	有効 ($Y_1=1$)	a^*	b^*	a
	無効 ($Y_1=0$)	c^*	d^*	b
	計	c	d	N^*

各組の被験者が処置あるいは対照で有効となる確率はすべて表 2.4 で与えられたものとし,各被験者の結果は互いに独立であるとすると,(a^*, b^*, c^*, d^*) は多項分布(multinomial distribution)$MN(N^*; p_{11}, p_{10}, p_{01}, p_{00})$ に従う.このとき,各確率の点推定値はそれぞれの度数を N^* で除したものとなる.差 $\delta = p_{10} - p_{01}$ の点推定値は $\hat{\delta} = (b^* - c^*)/N^*$ であり,その標準誤差は

$$SE[\hat{\delta}] = \frac{\sqrt{(b^* + c^*) - (b^* - c^*)^2 / N^*}}{N^*} \tag{2.13}$$

となることから(岩崎(2010),Fleiss(1981)などを参照),差 δ の $100(1-\alpha)$%信頼区間の上下限は,多項分布の正規近似により

$$\hat{\delta} \pm z(\alpha/2) SE[\hat{\delta}] \tag{2.14}$$

となる.

オッズ比 ω^* の点推定値は $\hat{\omega}^* = b^*/c^*$ で与えられ,その自然対数をとった $\log \hat{\omega}^*$ の標準誤差は近似的に

$$SE[\log \hat{\omega}^*] = \sqrt{\frac{1}{b^*} + \frac{1}{c^*}} \tag{2.15}$$

で与えられるので,$\log \omega^*$ の $100(1-\alpha)$%信頼区間の上下限は

$$\log \hat{\omega}^* \pm z(\alpha/2) SE[\log \hat{\omega}^*] \tag{2.16}$$

となる．オッズ比 ω^* の信頼区間は (2.16) の上下限の指数をとればよい．

対応のある場合の検定での仮説は独立な場合と同じく (2.4) であるが，$p_1 = p_{11} + p_{10}$, $p_0 = p_{11} + p_{01}$ であり，$p_{11} = P(Y_1 = 1, Y_0 = 1)$ が共通であるので，仮説は

$$H_0 : p_{10} = p_{01} \text{ vs. } H_1 : p_{10} \neq p_{01} \tag{2.17}$$

でもある．実はこれらの仮説は，和 $p_{10} + p_{01}$ が与えられたときの条件付き確率を用いて

$$H_0 : \frac{p_{10}}{p_{10} + p_{01}} = \frac{p_{01}}{p_{10} + p_{01}} \text{ vs. } H_1 : \frac{p_{10}}{p_{10} + p_{01}} \neq \frac{p_{01}}{p_{10} + p_{01}} \tag{2.18}$$

としたほうがいい意味もある．仮説 (2.17) の検定は通常，マクネマー検定 (McNemar test) が用いられる (McNemar, 1947)．検定統計量は，表 2.5 の記号を用いると

$$\chi^2_{\text{McNemar}} = \frac{(b^* - c^*)^2}{b^* + c^*} \tag{2.19}$$

であり，これは，サンプルサイズが大きいとき，H_0 の下で近似的に自由度 1 のカイ 2 乗分布に従う．連続修正（イェーツの補正）を施すと

$$(\chi^2_{\text{McNemar}})' = \frac{(|b^* - c^*| - 1)^2}{b^* + c^*} \tag{2.20}$$

となる．信頼区間と検定結果の対応付けをするためには，(2.13) の標準誤差は，(2.17) の帰無仮説 H_0 の下では

$$SE[\hat{\delta} \mid H_0] = \frac{\sqrt{b^* + c^*}}{N^*} \tag{2.21}$$

となることから，信頼区間を (2.14) ではなく

$$\hat{\delta} \pm z(\alpha/2) SE[\hat{\delta} \mid H_0] \tag{2.22}$$

とする．

マクネマー検定は，処置と対照で結果の異なる組の個数 b^* と c^* のみを用いていて，結果の同じ組の個数 a^* および d^* を用いてはいない．これは，次のような考察に基づくものである．対応がある場合，観測データは図 2.2 のように表される．ここで両処置間に差がないとすれば，対応のある観測値のいずれを処置としても結果は変わらないはずである．そこで，確率 0.5 でどちらの処置を施すかをランダムに決め，有効（$Y=1$）もしくは無効（$Y=0$）の結果をカウ

ントする．このとき，$\begin{pmatrix}1\\1\end{pmatrix}$および$\begin{pmatrix}0\\0\end{pmatrix}$のペアは，いずれが処置あるいは対照であっても入れ替えた場合の結果は同じであるため確率計算から除外される．すなわち，$\begin{pmatrix}1\\0\end{pmatrix}$もしくは$\begin{pmatrix}0\\1\end{pmatrix}$の$b^*+c^*$個のみが確率計算に寄与する．処置および対照への割付けはそれぞれ確率 0.5 で行われることから，処置で有効となる個数は，試行回数 b^*+c^*，確率 0.5 の二項分布 $B(b^*+c^*, 0.5)$ に従う．マクネマー検定の検定統計量 (2.19) が近似的に自由度 1 のカイ 2 乗分布に従うのは，この二項分布の正規近似によるものである．また，サンプルサイズ（二項分布の試行回数）が N^* ではなく b^*+c^* であることは，この検定が N^* 組の実際の観測値の中で結果の異なる組が b^*+c^* 個あったという条件の下での条件付き検定であることを示している．その意味で，検定の帰無仮説は，実際は (2.17) であるが，これを (2.18) のように，条件付き確率で考えたほうがよい．また，ここでも，確率的な変動をするのは結果変数 Y ではなく，処置の割付けの Z であるとしている点に留意すべきである．

$$\begin{pmatrix}処置群\\対照群\end{pmatrix} \underbrace{\overbrace{\begin{pmatrix}1\\1\end{pmatrix}\cdots\begin{pmatrix}1\\1\end{pmatrix}}^{a^*}\overbrace{\begin{pmatrix}1\\0\end{pmatrix}\cdots\begin{pmatrix}1\\0\end{pmatrix}}^{b^*}\overbrace{\begin{pmatrix}0\\1\end{pmatrix}\cdots\begin{pmatrix}0\\1\end{pmatrix}}^{c^*}\overbrace{\begin{pmatrix}0\\0\end{pmatrix}\cdots\begin{pmatrix}0\\0\end{pmatrix}}^{d^*}}_{N^*}$$

図 2.2　対応がある場合の模式図

例 2.2　**対応がある場合の 2 群比較**　Fleiss (1981) では，仮想例ではあるが表 2.6 の数値例 (Fleiss (1981), Table 8.2) を用いて計算法を示しているので，ここでもそれを用いる．

表 2.6　対応がある場合の観測度数

度数		対照 ($Z=0$)		
		有効 ($Y_0=1$)	無効 ($Y_0=0$)	計
処置 ($Z=1$)	有効 ($Y_1=1$)	15	20	35
	無効 ($Y_1=0$)	5	60	65
	計	20	80	100

有効率の差 δ の点推定値は $\hat{\delta}=(20-5)/100=0.15$ であり，その標準誤差は

$$SE[\hat{\delta}]=\frac{\sqrt{(20+5)-(20-5)^2/100}}{100}=0.048$$

で与えられるので，δ の 95％信頼区間は

$$0.15\pm1.96\times0.048=(0.057,0.243)$$

となる．標準誤差を（2.21）の

$$SE[\hat{\delta}\mid H_0]=\frac{\sqrt{20+5}}{100}=0.05$$

とすると，これに基づく 95％信頼区間は

$$0.15\pm1.96\times0.05=(0.052,0.248)$$

となる．オッズ比 ω^* の点推定値は $\hat{\omega}^*=20/5=4$ であり，$\log\hat{\omega}^*=\log 4=1.386$ となる．$\log\hat{\omega}^*$ の標準誤差は

$$SE[\log\hat{\omega}^*]=\sqrt{\frac{1}{20}+\frac{1}{5}}=0.5$$

であるので，$\log\omega^*$ の 95％信頼区間は

$$1.386\pm1.96\times0.5=(0.406,2.366)$$

となる．よって，オッズ比 ω^* の信頼区間は

$$(\exp[0.406],\exp[2.366])=(1.501,10.658)$$

と求められる．

マクネマー検定の検定統計量は

$$\chi^2_{\text{McNemar}}=\frac{(20-5)^2}{20+5}=9.0$$

であり，自由度 1 のカイ 2 乗分布に基づく P 値は $P=0.0027$ となる．連続修正（イェーツの補正）を施すと統計量の値は

$$(\chi^2_{\text{McNemar}})'=\frac{(\mid 20-5\mid -1)^2}{20+5}=7.84$$

で，P 値は $P=0.0051$ となる．

ここでの計算結果と例 2.1 の対応のない場合の計算結果とを見比べていただきたい．

2.1.3 対応の有無での比較

2.1.1項および2.1.2項では,対応のない場合と対応のある場合の群間比較法を述べた.ここでは,対応のあるデータに対し,その対応付けがまったく機能せず独立のようになってしまった場合との比較を行う.

対応がある場合のマクネマー検定の検定統計量 (2.19) と対応がない場合のピアソン・カイ2乗統計量 (2.8) の差は,表2.5の記号を用いると

$$\chi^2_{\text{McNemar}} - \chi^2_{\text{Pearson}} = \frac{(b^*-c^*)2\{4(a^*d^*-b^*c^*)-(b^*-c^*)^2\}}{(b^*+c^*)(2a^*+b^*+c^*)(b^*+c^*+2d^*)} \quad (2.23)$$

となる.よって,

$$\chi^2_{\text{McNemar}} - \chi^2_{\text{Pearson}} > 0 \Leftrightarrow (a^*d^*-b^*c^*) - \{(b^*-c^*)/2\}^2 > 0 \quad (2.24)$$

なる関係が得られる.(2.24) の条件式の第1項の $a^*d^*-b^*c^*$ は対応の関係の強さを表す部分で,第2項の $(b^*-c^*)/2$ は処置効果の大きさを表す部分である.すなわち,対応が弱く,処置効果が大きい場合はカイ2乗検定が有利であるが,そうでない場合にはマクネマー検定がカイ2乗値が大きく有意になりやすいという意味でよいといえる.(2.24) の右辺の条件式に対応する確率を代入すると,

$$\begin{aligned}
& p_{11}p_{00} - p_{10}p_{01} - \{(p_{10}-p_{01})/2\}^2 \\
&= (p_{11} - p_1 p_0) - \{(p_1 - p_0)/2\}^2 \\
&= Cov[Y_1, Y_0] - \{E[Y_1 - Y_0]/2\}^2 > 0 \quad (2.25)
\end{aligned}$$

となる.帰無仮説 $H_0: p_1 = p_0$ の下では,(2.25) の条件は $Cov[Y_1, Y_0] > 0$ となるので,Y_1 と Y_0 の間に少しでも正の相関があれば,おおむね $\chi^2_{\text{McNemar}} > \chi^2_{\text{Pearson}}$ となり,マクネマー検定の P 値はピアソン・カイ2乗検定の P 値よりも平均的に小さくなる.

次にオッズ比を考察する.対応のない場合のオッズ比 $\hat{\omega} = \{(a^*+b^*)(b^*+d^*)\}/\{(a^*+c^*)(c^*+d^*)\}$ と対応のある場合のオッズ比 $\hat{\omega}^* = b^*/c^*$ の大小関係については,簡単な計算により

$$\frac{\hat{\omega}^*}{\hat{\omega}} = \frac{N^* + (a^*d^*-b^*c^*)/c^*}{N^* + (a^*d^*-b^*c^*)/b^*} = \frac{b^*c^*N^* + (a^*d^*-b^*c^*)b^*}{b^*c^*N^* + (a^*d^*-b^*c^*)c^*} \quad (2.26)$$

となるので,$(a^*d^*-b^*c^*) > 0$ のときは,$b^* > c^*$ であれば $(a^*d^*-b^*c^*)/c^* > (a^*d^*-b^*c^*)/b^*$ であることより $\hat{\omega}^* > \hat{\omega}$ が成り立つ.

2.2 平均値の比較

各群で観測される結果変数 Y_1 および Y_0 は連続で，それらの分布はそれぞれ正規分布 $N(\mu_1, \sigma_1^2)$, $N(\mu_0, \sigma_0^2)$ であるとする．各個体（被験者）を処置群と対照群に振り分ける場合と，まず背景因子などでマッチングさせてペアをつくり，片方を処置，もう片方を対照とする場合とがある．前者を独立な場合，後者を対応のある場合という．以下では，これら 2 つの場合について，処置効果（平均値の比較）の統計解析法をみる．

2.2.1 独立な場合

両群での分布としてそれぞれ正規分布 $N(\mu_1, \sigma_1^2)$, $N(\mu_0, \sigma_0^2)$ が想定されるとき，処置の効果は通常，平均値の差 $\delta = \mu_1 - \mu_0$ として評価される．分散の違いが問題となる場合もあるが，ここでは平均値の差を扱うことにする．平均値の差の統計的推測では，分散が等しい $\sigma_1^2 = \sigma_0^2 (= \sigma^2)$ と仮定されることが多い（等分散性の仮定）．分散が必ずしも等しいとは想定できない場合には，平均値のみではなく分散の違いも処置効果として考慮する必要がある．等分散が仮定されるときは，効果の大きさ（effect size：ES）として

$$ES = (\mu_1 - \mu_0)/\sigma \tag{2.27}$$

がとられる（Ellis, 2010）．後に述べる平均値の差の t 検定では，サンプルサイズが重要な役割を果たすが，サンプルサイズに依存しない (2.27) の形の効果の大きさを考慮することが実用上は大切である．

全部で N 個の個体がランダムに処置群と対照群に分けられるとし，各群での個体数を m および n，標本平均を $\bar{y}_1$ および $\bar{y}_0$，標本不偏分散を s_1^2 および s_0^2 とする．そして，$\sigma_1^2 = \sigma_0^2$ の仮定の下でのプールした分散（pooled variance）を $s^2 = \{(m-1)s_1^2 + (n-1)s_0^2\}/(m+n-2)$ とする．

母平均 μ_1, μ_0 の点推定値はそれぞれ $\bar{y}_1$, $\bar{y}_2$ で与えられるので，母平均の差 $\delta = \mu_1 - \mu_0$ の点推定値は $\hat{\delta} = \bar{y}_1 - \bar{y}_0$ であり，その標準誤差（standard error：SE）は，$\sigma_1^2 = \sigma_0^2$ が想定される場合は

$$SE = \sqrt{\left(\frac{1}{m} + \frac{1}{n}\right)s^2} \tag{2.28}$$

で与えられ，$\sigma_1^2 = \sigma_0^2$ が必ずしも想定されない場合は

$$SE' = \sqrt{\frac{s_1^2}{m} + \frac{s_0^2}{n}} \tag{2.29}$$

となる．差 δ の $100(1-\alpha)$ % 信頼区間は，(2.28) の SE を用いた場合は

$$\hat{\delta} \pm t_{m+n-2}(\alpha/2) SE \tag{2.30}$$

となる．ここで $t_{m+n-2}(\alpha/2)$ は自由度 $m+n-2$ の t 分布の上側 $100\alpha/2$ % 点である．(2.29) の SE' を用いると，

$$\hat{\delta} \pm t_\nu(\alpha/2) SE' \tag{2.31}$$

となる．ここで $t_\nu(\alpha/2)$ は自由度 ν の t 分布の上側 $100\alpha/2$ % 点である．自由度の計算法として，単純に $m-1$ と $n-1$ の小さいほうとする方法と，

$$\nu = \left(\frac{s_1^2}{m} + \frac{s_0^2}{n}\right) \bigg/ \left(\frac{s_1^4}{m^2(m-1)} + \frac{s_0^4}{n^2(n-1)}\right) \tag{2.32}$$

とする方法とがある（たとえば Moore, et al.（2012）などを参照）．前者のほうが検定が保守的（帰無仮説が棄却されにくい）で，整数自由度の数表が使えるというメリットがある．後者では自由度が小数となるので，その場合は小数自由度の t 分布を用いるか（ソフトウェアが必要），あるいは最も近い整数自由度とするかのいずれかとなる．Excel などのソフトウェアでは標準的に小数自由度での計算が組み込まれているので，それを用いるのがよい．

検定について，ここでは両側仮説

$$H_0 : \mu_1 = \mu_0 \text{ vs. } H_1 : \mu_1 \neq \mu_0 \tag{2.33}$$

を考える．検定統計量は，等分散性の仮定の下では，(2.28) のプールした分散に基づく標準誤差 SE を用いた

$$t = \frac{\bar{y}_1 - \bar{y}_0}{SE} = \sqrt{\frac{mn}{m+n}} \frac{\bar{y}_1 - \bar{y}_0}{s} \tag{2.34}$$

であり，(両側) P 値は，自由度 $m+n-2$ の t 分布に従う確率変数を T としたとき，$P = P(|T| \geq |t|)$ で求められる．これを 2 標本 t 検定（two-sample t test）という．等分散を仮定しない場合は，検定統計量は (2.29) の SE' を用いた

$$t' = (\bar{y}_1 - \bar{y}_0)/SE' \tag{2.35}$$

であり，(両側) P 値は，(2.32) で与えられる自由度をもつ t 分布に基づいて求められる．これを Welch の検定ともいう．これらの検定は Excel の「データ分析」機能を用いて行うことができる (例 2.1 参照)．統計ソフトの R では，各群のデータを treat と control としたとき，等分散性の下での 2 標本 t 検定は

```
t.test(treat, control, var.equal = TRUE)
```

Welch の検定では

```
t.test(treat, control, var.equal = FALSE)
```

とするが，var.equal オプションを付けないとデフォルトで Welch の検定を行うので注意が必要である．

検定統計量 (2.34) におけるサンプルサイズに依存しない量 $(\bar{y}_1 - \bar{y}_0)/s$ は，(2.27) の効果の大きさ (ES) の推定値である．これを「Cohen の d」ともいう (標準偏差 s の計算の仕方でいくつかのバリエーションがある)．Cohen は，効果の大きさの目安として，d が 0.2 程度のときは効果は小さく，0.5 程度のときは中程度の効果，0.8 よりも大きいときは効果は大きいとしているが (Cohen, 1988)，これに対してはさまざまな意見もある (Ellis, 2010)．図 2.3 に $d=0.2$, 0.5, 0.8 のときの効果の大きさを表す正規分布を示す．効果の大きさの程度がわかるであろう．

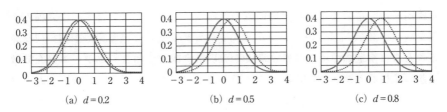

(a) $d=0.2$ (b) $d=0.5$ (c) $d=0.8$

図 2.3 効果の大きさ d と分布の図示

また，別の形の効果の大きさとして相関に基づく

$$r = \sqrt{t^2/\{t^2+(m+n-2)\}} \tag{2.36}$$

も提案されている（Rosenthal, et al., 2000）．実際，(2.36) は，処置への割付けを表すダミー変数 Z（1：処置，0：対照）と結果変数 Y との間の相関係数に対応した指標である．

2標本 t 検定は，図2.4において，割付け（$Z=1$ もしくは 0）が与えられた後に結果変数 Y の値を観測するという意味で，確率変数は Y であり，$m+n$ 個の観測値 $y_1, ..., y_{m+n}$ は Y の実現値である．これを逆に，Y の値は与えられたものとして，$Z=1$ となる個体をランダムに $m+n$ 個から m 個選ぶと考える．すなわち，Y の値は個体ごとに定められていて，ランダムに変動するのは Z のほうであるとする．このランダム割付けに基づく確率計算により行う検定をフィッシャーのランダム化検定（randomization test）という．

$$
\begin{array}{c|cccc}
Z & 1 & \cdots & 1 & 0 & \cdots & 0 \\
Y & y_1 & \cdots & y_m & y_{m+1} & \cdots & y_{m+n}
\end{array}
$$

図 2.4 観測データの図示

ランダムに選んだ Z の値が1となった m 個の個体の結果変数の平均値を M_1 とし，残りの n 個の個体の平均値を M_0 として，$M_1 - M_0$ が実際に観測された平均値の差 $\bar{y}_1 - \bar{y}_0$ 以上となる場合の数を数え，それを組み合わせの総数 ${}_{m+n}C_m$ で除して確率 $P(M_1 - M_0 \geq \bar{y}_1 - \bar{y}_0)$ を求め，これを検定での（片側）P 値とする．ただし，考え方は重要であるが計算が大変なので，あまり実用的ではない．観測値 $y_1, ..., y_{m+n}$ ではなく，それらの順位（rank）を用いたものがウィルコクソンの順位和検定（rank-sum test）であり，こちらはソフトウェアで容易に計算できる．

例 2.3 **車の走行距離** 2013年11月に実施された統計検定1級の統計応用（理工）では，新開発のタイヤB（処置）が既存品のタイヤA（対照）に比べ走行距離に異なる影響を与えるかどうかの実験結果に関する問題が出題された（日本統計学会, 2013）．表 2.7 が提示されたデータであり，走行距離 y を結果変数，タイヤAとタイヤBを区別するダミー変数が z（$z=0$（タイヤA），$z=1$（タイヤB）），自動車の総排気量が x である（単位：1000 cc）．

タイヤA（対照群）での平均値は 16.6 であり，タイヤB（処置群）での平均

表 2.7 タイヤAおよびBの走行テストの結果
(単位:総排気量 1000 cc, 走行距離 km)

タイヤA			タイヤB		
ID	総排気量	走行距離	ID	総排気量	走行距離
A1	1.3	19.4	B1	1.5	20.3
A2	1.5	17.7	B2	1.5	18.3
A3	1.5	16.2	B3	1.8	18.5
A4	1.8	15.9	B4	1.8	16.1
A5	1.8	16.1	B5	2.0	14.6
A6	2.0	14.3	B6	2.2	14.2
平均	1.65	16.6	平均	1.80	17.0
分散	0.067	3.048	分散	0.076	5.848
共分散	-0.414		共分散	-0.596	

値は 17.0 であるので,平均値の差の推定値は $\hat{\delta}=17.0-16.6=0.4$ となる.等分散性を仮定すると,プールした分散は

$$s^2 = \{(6-1) \times 3.048 + (6-1) \times 5.848\}/(6+6-2) = 4.448$$

であり,標準誤差は (2.28) より

$$SE = \sqrt{\left(\frac{1}{6}+\frac{1}{6}\right) \times 4.448} = 1.218$$

であるので,母平均の差 δ の 95% 信頼区間は,自由度 10 の t 分布の上側 2.5% 点 $t_{10}(0.025) = 2.228$ を用いて

$$0.4 \pm 2.228 \times 1.218 = (-2.314, 3.113)$$

となる.

検定については,等分散性を仮定すると,走行距離と総排気量それぞれの 2 群間の比較の 2 標本 t 検定の結果は表 2.8 のようである.

表 2.8 2群間の比較 (2標本 t 検定の結果)

	タイヤA	タイヤB	平均の差	t 値	両側 P 値
走行距離	16.6	17.0	0.4	0.329	0.749
総排気量	1.65	1.8	0.15	0.972	0.354

具体的な計算では,走行距離 (y) に対し,

$$\bar{y}_1 = 17.0,\ s_1^2 = 0.067,\ \bar{y}_0 = 16.6,\ s_0^2 = 0.076$$

であり，プールした分散は $s^2 = 4.448$ であるので，検定統計量の値は

$$t = (17.0 - 16.6) \Big/ \sqrt{\left(\frac{1}{6} + \frac{1}{6}\right) \times 4.488} = 0.329$$

となる．自由度 10 の t 分布に基づく両側 P 値は，Excel の関数を用いて

$$P = \text{T.DIST.2T}(0.329, 10) = 0.749$$

と求められる．検定結果は，Excel の「データ分析」の「t-検定：等分散を仮定した2標本による検定」によっても得られる．等分散性を仮定しない Welch の検定では，Excel の「データ分析」の「t-検定：分散が等しくないと仮定した2標本による検定」により P 値は 0.750 と求められる．いずれにせよ，両タイヤでの走行距離の平均の差は，2標本 t 検定の結果，統計的に有意ではない．また，両群間での総排気量の差も，2標本 t 検定の両側 P 値は 0.354 となり，統計的な有意差はない．

ランダム化検定では，${}_{12}C_6 = 924$ 通りの処置の割付けの中から平均値の差が $\delta = 0.4$ 以上に離れる場合の数を求め，それを 924 で除して（片側）P 値を求める．なお，ウィルコクソン検定の P 値は 0.810 となる．

2.2.2 対応のある場合

対応のあるデータの場合には，(Y_1, Y_0) が2変量正規分布 $N_2(\mu_1, \mu_0, \sigma_1^2, \sigma_0^2, \sigma_{10})$ に従うとする．相関係数は $\rho = \sigma_{10}/(\sigma_1\sigma_0)$ であり，$\rho = 0$ は対応がない場合に相当する．変量の差 $D = Y_1 - Y_0$ は $N(\mu_1 - \mu_0, \sigma_1^2 + \sigma_0^2 - 2\sigma_{10})$ に従う．以下では，各処置群での分散は等しく $\sigma_1^2 = \sigma_0^2 = \sigma^2$ であるとする．このとき，差 $Y_1 - Y_0$ の分布は $\delta = \mu_1 - \mu_0$ として，$N(\delta, 2\sigma^2(1-\rho))$ となる．すなわち，$\rho > 0$ であれば，対応のない場合に比べ分散が小さくなる．

全部で N^* 組の観測値に対し，差 $D = Y_1 - Y_0$ の標本平均を $\bar{d}$ とし，標本不偏分散を s_D^2 とすると，$\bar{d}$ は平均の差 δ の点推定値であり，その標準誤差は

$$SE_D = \frac{s_D}{\sqrt{N^*}}$$

となる．δ の $100(1-\alpha)\%$ 信頼区間は，

$$\bar{d} \pm t_{N^*-1}(\alpha/2) SE_D$$

で与えられる．ここで $t_{N^*-1}(\alpha/2)$ は自由度 N^*-1 の t 分布の上側 $100\alpha/2\%$ 点である．

検定では，両側仮説を
$$H_0 : \mu_1 = \mu_2 \text{ vs. } H_1 : \mu_1 \neq \mu_2$$
とした場合の検定統計量は
$$t_D = \frac{\bar{d}}{\sqrt{s_D^2/N^*}} \tag{2.37}$$
であり（対応のある t 検定），帰無仮説の下で自由度 N^*-1 の t 分布に基づいて P 値を求める．Excel では「データ分析」の「t-検定：一対の標本による平均の検定ツール」で実行できる．

必ずしも正規分布を仮定しない場合には，フィッシャーのランダム化検定が用いられる（Basu, 1980）．得られた対応のある N^* 組の観測データ (y_{11}, y_{01}), ..., (y_{1N^*}, y_{0N^*}) に対し，その符号を $\text{sgn}_i = \text{sgn}(y_{1i} - y_{0i})$ とし（$y_{1i} - y_{0i} = 0$ のときは $\text{sgn}_i = 0$），差の絶対値を $d_i = |y_{1i} - y_{0i}|$ とする．処置効果に差がなく，$y_{1i} - y_{0i} = 0$ でなければ，sgn_i は確率 0.5 で 1 もしくは -1 の値をとる確率変数の実現値とみなされる．検定統計量は
$$w = \sum_{i=1}^{N} \text{sgn}_i d_i = \sum_{i=1}^{N} (y_{1i} - y_{0i}) \tag{2.38}$$
であり，有意性の評価は，sgn_i が確率 0.5 で 1 もしくは -1 の値をとるとしたときの w の値が，片側検定の場合は実現値以上（以下）となる確率であり，両側検定ではそれを 2 倍する．この検定も，実現値は確率変数とみなさず，処置の割付けを sgn_i として表し，これを確率変数とみなしている．なお，実現値の代わりに観測値の順位を用いると，ウィルコクソンの符号付き順位検定（Wilcoxon signed rank test）となる．

実験計画の選択により，処置の割付けが無作為である事前ランダム化（pre-randomization）が施されていた場合，ランダム化検定の確率計算の妥当性は多くの場合認められうるが，データをとったあとでの事後ランダム化（post-randomization）に基づく確率計算にはこれまで種々の議論があった（たとえば Basu (1980) 参照）．なお，対応のあるデータを対応のないときの手法で解析する誤りが，実際問題では散見される．これはおおむね不利を招くことから，

データの素性に十分留意すべきである.

例 2.4 対応のある場合　ある授業で，授業開始時と終了時の2回，同じ学生の 30 秒間の脈拍を計測した．同じ学生での 2 回の測定であるので，これは対応のあるデータである．表 2.9 はその計測値の要約統計量である．この場合は，授業を処置と考え，授業により脈拍に差が出るかどうかを調べていて，対応の有無が検定結果にどのような影響を与えるかをみる．(2.37) の対応のある t 検定の検定統計量の値は $t_D = 2.750$（両側 P 値 $= 0.010$）であり，(2.34) の独立な場合の 2 標本 t 統計量の値は $t = 1.313$（両側 P 値 $= 0.194$）である．実際のデータは図 2.5 (a) のようであるが，対応関係を外すと図 2.5 (b) のようになり，開始時および終了時ともばらつきが大きいので，この程度の平均値の差では独立な 2 標本 t 検定で統計的に有意にはならない．同じ学生の測定値という対応のあるデータであるので，対応のある t 検定を適用しなくてはならない．

表 2.9 2 群間の比較（2 標本 t 検定の結果）

統計量	開始時	終了時	差
平均値	35.667	34.033	1.633
標準偏差	4.957	4.672	3.253
相関係数	0.773		
標本数	30.000		

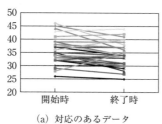
(a) 対応のあるデータ

(b) 対応を外したデータ

図 2.5 脈拍値の変化

2.2.3　対応の有無での比較

対応のあるデータ (Y_1, Y_0) が 2 変量正規分布 $N_2(\mu_1, \mu_0, \sigma_1^2, \sigma_0^2, \sigma_{10})$ に従うとする．相関係数は $\rho = \sigma_{10}/(\sigma_1 \sigma_0)$ であり，$\rho = 0$ は対応がない場合に相当する．

以下では等分散 $\sigma_1^2 = \sigma_0^2 (= \sigma^2)$ を仮定し，σ^2 および相関係数 ρ が未知の場合を考える．対応がある場合および対応がない場合（独立な場合）のそれぞれの標本不偏分散をここでは

$$S^2_{\text{(paired)}} = \frac{1}{N-1} \sum_{i=1}^{N} \{(Y_{1i} - Y_{0i}) - (\overline{Y}_1 - \overline{Y}_0)\}^2 \tag{2.39}$$

および

$$S^2_{\text{(ind)}} = \frac{1}{2(N-1)} \left\{ \sum_{i=1}^{N} (Y_{1i} - \overline{Y}_1)^2 + \sum_{i=1}^{N} (Y_{0i} - \overline{Y}_0)^2 \right\} \tag{2.40}$$

とすると，対応のある場合の検定統計量は

$$T_{\text{(paired)}} = \frac{\overline{Y}_1 - \overline{Y}_0}{\sqrt{S^2_{\text{(paired)}}/N}} \tag{2.41}$$

であり（対応のある t 検定），対応のない場合の検定統計量は

$$T_{\text{(ind)}} = \frac{\overline{Y}_1 - \overline{Y}_0}{\sqrt{2 S^2_{\text{(ind)}}/N}} \tag{2.42}$$

である（独立2標本の t 検定）．$T_{\text{(paired)}}$ および $T_{\text{(ind)}}$ は，それぞれ帰無仮説の下で自由度 $N-1$ および $2(N-1)$ の t 分布に従う．有意水準を α とし，自由度 m の t 分布の上側 $100\alpha/2$ 点を $t_m(\alpha/2)$ としたとき，$T_{\text{(paired)}} \geq t_{N-1}(\alpha/2)$ あるいは $T_{\text{(ind)}} \geq t_{2(N-1)}(\alpha/2)$ であれば帰無仮説が棄却される．

$T_{\text{(paired)}}$ と $T_{\text{(ind)}}$ を比較し，2標本 t 検定よりも対応のある t 検定のほうが有意になりやすいのはどのような場合かを考察する．そのためには

$$\frac{T_{\text{(paired)}}}{t_{N-1}(\alpha/2)} \geq \frac{T_{\text{(ind)}}}{t_{2(N-1)}(\alpha/2)} \tag{2.43}$$

となるための条件を求めればよい．これは

$$\frac{T_{\text{(ind)}}}{T_{\text{(paired)}}} \leq \frac{t_{2(N-1)}(\alpha/2)}{t_{(N-1)}(\alpha/2)} \tag{2.44}$$

とも書き換えられる．いま，

$$A_1 = \sum_{i=1}^{N} (Y_{1i} - \overline{Y}_1)^2, \, A_0 = \sum_{i=1}^{N} (Y_{0i} - \overline{Y}_0)^2, \, A_{10} = \sum_{i=1}^{N} (Y_{1i} - \overline{Y}_1)(Y_{0i} - \overline{Y}_0)$$

と置くと，

$$S^2_{(\text{paired})} = \frac{1}{N-1}(A_1 + A_0 - 2A_{10}), \quad S^2_{(\text{ind})} = \frac{1}{2(N-1)}(A_1 + A_0)$$

であるので，

$$\frac{T_{(\text{ind})}}{T_{(\text{paired})}} = \sqrt{\frac{S^2_{(\text{paired})}}{2S^2_{(\text{ind})}}} = \sqrt{\frac{A_1 + A_0 - 2A_{10}}{A_1 + A_0}} = \sqrt{1 - \frac{2A_{10}}{A_1 + A_0}} \quad (2.45)$$

となる．(2.45) の A_1, A_0 および A_{10} に対応するパラメータ σ_1^2, σ_0^2 および σ_{10} を代入すると，仮定より $\sigma_1^2 = \sigma_0^2 = \sigma^2$ であるので，

$$\frac{T_{(\text{ind})}}{T_{(\text{paired})}} = \sqrt{1 - \frac{\sigma_{12}}{\sigma^2}} = \sqrt{1-\rho}$$

を得る．よって，(2.44) より，

$$\sqrt{1-\rho} \leq \frac{t_{2(N-1)}(\alpha/2)}{t_{N-1}(\alpha/2)}$$

であることから，条件

$$\rho \geq 1 - \left\{\frac{t_{2(N-1)}(\alpha/2)}{t_{N-1}(\alpha/2)}\right\}^2 \quad (2.46)$$

を得る．表 2.10 に $\alpha = 0.05$ としたときの (2.46) の右辺の ρ の下限をいくつかの N に対して示す．表 2.10 から，かなり相関係数が小さくても対応のある t 検定のほうが有意になりやすいことがみてとれ，サンプルサイズ N が大きくなるにつれて下限は 0 に近づくことがわかる．

表 2.10 対応のある t 検定のほうが有意になりやすいための相関係数の下限

N	5	6	7	8	9	10	15	20	25	30	40	50	100
ρ	0.310	0.249	0.207	0.177	0.155	0.137	0.088	0.065	0.051	0.042	0.031	0.025	0.012

2.3 回帰分析と共分散分析

回帰分析は，統計手法の中でも最も多く用いられている手法の1つであろう．回帰分析の詳細な説明は他書に譲るとして，ここでは，因果推論を念頭に置い

て回帰分析とその派生形である共分散分析について述べる．

2.3.1 回帰分析

結果変数 Y を m 個の説明変数 $X_1, ..., X_m$ で説明あるいは予測する線形回帰モデルは

$$Y = \beta_0 + \beta_1 X_1 + \cdots + \beta_m X_m + \varepsilon \tag{2.47}$$

と書くことができる．説明変数が1つ（$m=1$）のとき単回帰モデル（simple regression model），2つ以上（$m \geq 2$）のときは重回帰モデル（multiple regression model）という．ε は誤差項（error）あるいは攪乱項（disturbance）と呼ばれる項で，モデル部分で表現しきれなかったすべての変動を表す確率変数とみなされ，$N(0, \sigma^2)$ に従うと仮定されることが多い．ε は異なる観測値間では独立とされるが，時間を追って観測される経時測定データなどの場合には，相互に相関をもつと想定されることもある．

説明変数 $X_1, ..., X_m$ は，通常の回帰モデルでは与えられた値 $X_1 = x_1, ..., X_m = x_m$ であり，(2.47) から

$$E[Y] = \beta_0 + \beta_1 x_1 + \cdots + \beta_m x_m \tag{2.48}$$

となり，回帰モデルは $X_1 = x_1, ..., X_m = x_m$ の条件の下での Y の条件付き期待値のモデル化と解釈される．これは，実験研究であれば，実験条件を $x_1, ..., x_m$ と研究者が設定した上で結果を観測することから合理的な想定であるが，社会科学のデータでは，説明変数それ自身が観測された値であることが多い．特に，説明変数を処置もしくは対照を表すダミー変数

$$Z = \begin{cases} 1 & \text{（処置）} \\ 0 & \text{（対照）} \end{cases}$$

とした単回帰モデル

$$Y = \beta_0 + \beta_1 Z + \varepsilon \tag{2.49}$$

は等分散を仮定した2標本 t 検定と同一である．

例 2.5 例 2.3 の続き　例 2.3 のデータ（表 2.7）で，タイヤごとに総排気量（x）と走行距離（y）との間に $y = b_0 + b_1 x$ なる直線関係を想定した回帰分析を行うと表 2.11 のような結果が得られる（図 2.6 も参照）．表 2.11 には，標準

的な回帰分析の出力から特に，決定係数 R^2 と回帰直線の切片（b_0）と回帰係数（b_1），および回帰係数が0である検定の P 値を示している．この例で，車をそれぞれの処置（タイヤの種類）にランダムに割り振り，実験順序のランダム化も行われていれば，総排気量と走行距離との関係は単なる回帰関係ではなく，因果関係とみなすことができる．

また，データを表 2.12 の形式として，(2.49) のダミー変数を用いた単回帰分析を実行すると，結果は表 2.13 のようになる．2.2 節の例 2.3 の表 2.8 の 2

表 2.11 回帰分析の結果

	タイヤ A	タイヤ B
決定係数	0.839	0.799
切片	26.8	31.12
回帰係数	-6.18	-7.84
P 値	(0.0010)	(0.0016)

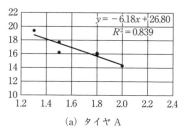
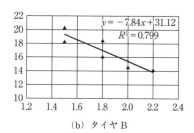

(a) タイヤ A (b) タイヤ B

図 2.6 散布図と回帰直線

表 2.12 ダミー変数と測定値

ID	1	2	3	4	5	6	7	8	9	10	11	12
Z	0	0	0	0	0	0	1	1	1	1	1	1
Y	19.4	17.7	16.2	15.9	16.1	14.3	20.3	18.3	18.5	16.1	14.6	14.2

表 2.13 ダミー変数を用いた回帰分析の結果

	走行距離
決定係数	0.011
切片	16.6
回帰係数	0.4
P 値	(0.749)

標本 t 検定の結果と比べると，回帰式の切片がタイヤ A の平均値，回帰係数が両群間の平均値の差に対応し，P 値も同じ値の 0.749 となっていて，両手法は同じ結果を与えていることが確認できる．

実験研究では，例 2.5 にみるように，実験条件の設定と実験対象のランダム化などが研究者の手で行えることから，説明変数（因子）$X_1, ..., X_m$ から結果変数 Y への関係への交絡因子の影響を人為的に排除でき，因子から結果への因果関係の立証が可能となる．しかし社会科学では，説明変数 $X_1, ..., X_m$ から結果変数 Y への関係が因果関係であるかどうかは，注意深く考察する必要がある．

ここでは簡単のため，結果変数 Y に対して，説明変数は X および U とし，X は観測されるが，U は必ずしも観測されるとは限らず X 以外のすべての要因を表すものとする．そして，これらの期待値と分散共分散行列を次のように置く．

$$E\left[\begin{pmatrix} Y \\ X \\ U \end{pmatrix}\right] = \begin{pmatrix} \mu_Y \\ \mu_X \\ \mu_U \end{pmatrix}, \quad V\left[\begin{pmatrix} Y \\ X \\ U \end{pmatrix}\right] = \begin{pmatrix} \sigma_Y^2 & \sigma_{YX} & \sigma_{YU} \\ \sigma_{YX} & \sigma_X^2 & \sigma_{XU} \\ \sigma_{YU} & \sigma_{XU} & \sigma_U^2 \end{pmatrix} \quad (2.50)$$

各変数間の関係を場合分けして考える．そのため，1.5 節で導入した矢線表示（DAG）を用いる．$X \to Y$ は X から Y への因果的な関係があることを意味し，この関係が回帰分析によって正しく評価できるかどうかを考察する．

まず，U は X に影響を与えないが Y に影響を与える，すなわち

$$\begin{array}{c} U \\ \searrow \\ X \to Y \end{array}$$

の場合を考える．すなわち $\sigma_{XU}=0$ である．実験研究で X がランダム化されていれば，X はあらゆる変量と独立であるので，この条件が成り立つ．もし U が観測されなければ，U は単回帰モデル

$$Y = \alpha + \beta X + \varepsilon \quad (2.51)$$

における誤差項の ε と区別が付かず，それらは同一視される（すなわち $Y = \alpha + \beta X + U$ である）．U が観測されれば，X に加えて U も説明変数とした重回帰モデル

$$Y = \alpha + \beta X + \gamma U + \varepsilon \quad (2.52)$$

2.3 回帰分析と共分散分析

が想定される．ここで ε は X とも U とも独立な誤差項である．回帰係数は(2.50)の記号を用いて

$$\begin{pmatrix} \beta \\ \gamma \end{pmatrix} = \begin{pmatrix} \sigma_X^2 & \sigma_{XU} \\ \sigma_{XU} & \sigma_U^2 \end{pmatrix}^{-1} \begin{pmatrix} \sigma_{YX} \\ \sigma_{YU} \end{pmatrix} = \frac{1}{\sigma_X^2 \sigma_U^2 - \sigma_{XU}^2} \begin{pmatrix} \sigma_U^2 & -\sigma_{XU} \\ -\sigma_{XU} & \sigma_X^2 \end{pmatrix} \begin{pmatrix} \sigma_{YX} \\ \sigma_{YU} \end{pmatrix}$$
$$= \frac{1}{\sigma_X^2 \sigma_U^2 - \sigma_{XU}^2} \begin{pmatrix} \sigma_U^2 \sigma_{YX} - \sigma_{XU} \sigma_{YU} \\ -\sigma_{XU} \sigma_{YX} + \sigma_X^2 \sigma_{YU} \end{pmatrix} \tag{2.53}$$

と表されるので，$\sigma_{XU}=0$ であれば $\beta=\sigma_{YX}/\sigma_X^2$ となり，回帰係数 β は U に無関係に推定できる．したがって，標本分散および共分散を s_X^2 および s_{XY} として得られる推定量 $\hat{\beta}=s_{XY}/s_X^2$ は，母集団パラメータ β の不偏推定量であることが示される．この場合，$\gamma=\sigma_{YU}/\sigma_U^2$ であり，U の値によって Y への効果の大きさが異なることから，U は効果の修飾をもたらす．また，Y との相関の大きな U がある場合には，それを用いて β の推定が精度よく行えるため，この種の共変量を選択してモデルに取り込めば，データ解析の精度を高めることができる．以上まとめて，U は X に影響を与えず Y のみに影響を与える場合には，$X \to Y$ の因果効果は推定可能となる．

次に，U は X に影響を与えるが，単独では Y に影響を与えないとする．すなわち

$$\begin{array}{c} U \\ \swarrow \\ X \to Y \end{array}$$

である．回帰分析は，(2.49)で示したように，本質的に説明変数の値を与えた下での結果変数の条件付き期待値のモデル化であるので，X の値で条件を付けることにより，1.6節で述べたように，U から X 経由での Y へのパスが切れ，U の影響は Y に及ばないことになる．すなわちこの場合，X から Y への因果効果は推定可能となる．ただし，X の設定は U に依存するのであり，ある意味で X も結果であることから，あくまでも X が与えられたときにそれが Y に与える影響を評価するというのみにとどまる．

最も厄介なのが，U が X にも Y にも影響を与える交絡因子の場合である．すなわち

である．Uが観測され，これが唯一の交絡因子で，重回帰モデル（2.52）が想定できる場合には，（2.53）より

$$\beta = \frac{\sigma_U^2 \sigma_{YX} - \sigma_{XU}\sigma_{YU}}{\sigma_X^2 \sigma_U^2 - \sigma_{XU}^2} = \frac{\sigma_{YX} - \sigma_{XU}\sigma_{YU}/\sigma_U^2}{\sigma_X^2 - \sigma_{XU}^2/\sigma_U^2} \tag{2.54}$$

であり，右辺のパラメータにそれぞれ標本から求めた分散共分散を代入し，推定量 $\hat{\beta} = (s_U^2 s_{YX} - s_{XU}s_{YU})/(s_X^2 s_U^2 - s_{XU}^2)$ が計算される．XとεおよびUとεは独立との想定から

$$\sigma_{YX} = Cov[X, \beta X + \gamma U + \varepsilon] = \beta \sigma_X^2 + \gamma \sigma_{XU}$$
$$\sigma_{YU} = Cov[U, \beta X + \gamma U + \varepsilon] = \beta \sigma_{XU} + \gamma \sigma_U^2$$

が成り立ち，これを用いてβの推定量$\hat{\beta}$の不偏性が示される．

ここで注意すべきは，（2.54）の最後の式の分子はUを与えたときのXとYの間の条件付き共分散，分母はUを与えたときのXの条件付き分散となっている点である．すなわち，Xの回帰係数（偏回帰係数）は，Uを与えたとの条件の下，すなわちUの影響を取り除いた残りの残差に関する，XとYとの間の単回帰係数となっているのである．このことは，XとYとの間の関係には，X以外にどのような項を回帰モデルに取り入れたかがかかわっていることを意味している．すなわち，Xの回帰係数は，Xの単独の効果を必ずしも表しておらず，Uを込みにして考えなくてはいけないのである．

このことは，以下のように幾何学的に表現できる．XおよびUを線形空間Lでのベクトルとして考える（線形空間の次元はデータ数と考えればよい）．$Cov[X, U]$はベクトル間の内積を意味し，$Cov[X, U] \neq 0$であるのでXとUとは直交しない．（2.52）より，結果変数ベクトルY（の期待値）はベクトルXとUの線形結合で表され，Xの係数が偏回帰係数βであると解釈できる．YをXとUの張る線形部分空間$L(X, U)$に直交射影したベクトル$\hat{Y} = bX + gU$はYの最小2乗予測値となり，このときの係数bがβの最小2乗推定値となる．係数bはYをUに沿ってX上に斜交射影したときの射影ベクトルbXの長さとXの長さとの比となっている．この推定値bは，YとXをともにUの直交補

空間 $L(U)^{\perp}$ に射影したベクトルを $Y^{\perp}$ および $X^{\perp}$ とすると，$X^{\perp}$ から $Y^{\perp}$ への単回帰式 $Y^{\perp}=bX^{\perp}$ における係数となる．すなわち，$Y^{\perp}$ の長さと $X^{\perp}$ の長さとの比である（図 2.7）．

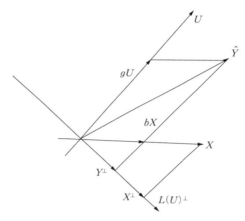

図 2.7 回帰係数の幾何学的表示

U が観測されないときは（たいていそうである），U は誤差項に組み込まれ，モデルは

$$Y = \alpha + \beta X + \xi, \quad \xi = U + \varepsilon \tag{2.55}$$

となる．ξ がみかけ上の誤差項であるが，ξ に U が含まれているため X と ξ とは独立ではなく $Cov[X, \xi] = \sigma_{XU}$ である．回帰係数の通常の最小 2 乗推定量 $\hat{\beta} = s_{XY}/s_X^2$ は，(2.55) より

$$\sigma_{YX} = Cov[X, Y] = Cov[X, \beta X + (U + \varepsilon)] = \beta \sigma_X^2 + \sigma_{XU}$$

となるので，$\sigma_{YX}/\sigma_X^2 = \beta + \sigma_{XU}/\sigma_X^2$ より，回帰係数の通常の最小 2 乗推定量は σ_{XU}/σ_X^2 だけの偏りをもつ．以上まとめると，U が Y にも X にも影響を与える交絡因子の場合は，U をモデルに組み込まないと X の回帰係数の推定に偏りをもたらす．すべての交絡因子 U をモデルに組み込むことができれば偏りは排除できるが，モデルに組み込まないものが残ると偏りは排除できない．観察研究では，すべての交絡因子の特定はほぼ不可能であるので，その分だけの偏りが生じる．なるべく多くの交絡因子を見つけ出す努力が必要とされる．

最後に，逆に U が X の影響を受ける場合を考える．すなわち，

$$X \overset{\nearrow U \searrow}{\rightarrow} Y$$

である．このとき U は共変量ではなく中間変数である．この場合は，推定対象は何であるかの見極めが必要となる．$X \rightarrow Y$ のパスによる効果は直接効果（direct effect），$X \rightarrow U \rightarrow Y$ のパスによる効果は間接効果（indirect effect）と呼ばれ，それらを加えたものが全体の効果（total effect）となる．$X \rightarrow Y$ の直接効果の推定では，U をモデルに含めてはならない．これを簡単な数値例で示す．

例 2.6 回帰分析の誤ったモデル化　降圧剤（血圧を下げる薬）の臨床試験で，薬剤の用量として 10 mg，20 mg，30 mg の 3 用量を設定し（$X=10$, 20, 30），評価項目を 8 週間後の収縮期血圧（最高血圧）の処置前値からの下降度（Y）とした．30 人の高血圧患者をランダムに各群 10 人ずつ割付けて 8 週間の観察を行ったところ，図 2.8 のような結果を得た．X を説明変数，Y を目的変数とした単回帰モデル（2.51）の当てはめでは

$$Y = 2.200 + 0.163X$$

となり，回帰係数 $b=0.163$ の P 値は $P=0.040$ と有意水準 5% で有意で，薬剤の用量と血圧の下降度とは関係があることがわかった．

この試験では，各被験者の 4 週目での血圧の下降度（U）も観測されていた．4 週目と最終の 8 週目の各群での平均値の推移は図 2.9 のようであった．モデルの説明変数の X に U も加えた重回帰モデルの当てはめでは

$$Y = 0.057X + 0.864U$$

となり，X の係数 0.057 の P 値は $P=0.219$，U の係数 0.864 の P 値は $P<0.001$ であった．この結果，X の係数，すなわち薬剤の用量と血圧の下降度との関係は有意水準 5% で有意ではなくなってしまう．U の係数は，薬剤の用量が何であろうと，4 週間目で血圧の下降度が高かった人は 8 週間目でも高いということを表していて，薬剤の用量とは関係のない値である．

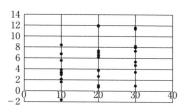

図 2.8 薬剤の用量(横軸)と血圧の下降度(縦軸)

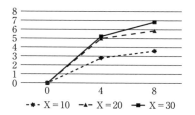

図 2.9 用量ごとの 4 週目と 8 週目の血圧下降度の平均値の推移

2.3.2 共分散分析

共分散分析(analysis of covariance:ANCOVA)は,分散分析と回帰分析の特徴を合わせもつもので,因果推論ではきわめて重要な役割を果たす.Cochran (1957) は,その古典的な論文の中で,共分散分析の役割として,(i) 実験研究における推測の精度向上,(ii) 観察研究における共変量の偏りの調整,(iii) 処置効果の意味付けへの寄与,(iv) 分類データによる回帰の当てはめ,(v) 欠測データへの対処,を挙げている.Cox and McCullagh (1982) も共分散分析の数理を説明している.統計的因果推論では,Cochran のいう (ii) の観察研究における共変量の偏りの排除の目的で用いられることが多いが,(i) の実験研究における推測の精度向上も忘れてはならない共分散分析の重要な役割である.

共分散分析は,2.3.1 項の重回帰モデル (2.47) において,1 つの変量を処置の有無を表すダミー変数としたものに相当している.したがって,実際の計算は,重回帰分析のソフトウェアで 1 つの変量をダミー変数とすることで対応できる.また,重回帰分析の理論的な枠組みおよび実際問題への適用にあたっての留意事項などがすべてここでも成り立つが,強調する箇所もあることから,改めてここで解説する.

結果変数 Y に対し,処置の割付けを表すダミー変数を Z(1:処置,0:対照)とし,観測される共変量を X とする.そして,U を観測されない共変量とする(回帰モデル (2.47) の ε に相当).(Y, Z, X) の期待値と分散共分散行列を

$$E\begin{bmatrix}\begin{pmatrix}Y\\Z\\X\end{pmatrix}\end{bmatrix}=\begin{pmatrix}\mu_Y\\\mu_Z\\\mu_X\end{pmatrix},\quad V\begin{bmatrix}\begin{pmatrix}Y\\Z\\X\end{pmatrix}\end{bmatrix}=\begin{pmatrix}\sigma_Y^2 & \sigma_{YZ} & \sigma_{YX}\\\sigma_{YZ} & \sigma_Z^2 & \sigma_{ZX}\\\sigma_{YX} & \sigma_{ZX} & \sigma_X^2\end{pmatrix} \quad (2.56)$$

とするが,Z は2値であるので,

$$p^{(1)} = P(Z=1) = E[Z], \quad p^{(0)} = P(Z=0) = E[1-Z] = 1-p^{(1)}$$

とすると,

$$\sigma_Z^2 = E[Z^2] - (E[Z])^2 = p^{(1)} - (p^{(1)})^2 = p^{(1)}p^{(0)}$$

となり,

$$E[Y] = p^{(1)}E[Y|Z=1] + p^{(0)}E[Y|Z=0] = p^{(1)}\mu_Y^{(1)} + p^{(0)}\mu_Y^{(0)}$$

かつ

$$E[YZ] = p^{(1)}E[Y|Z=1] = p^{(1)}\mu_Y^{(1)}$$

であるので,

$$\sigma_{YZ} = E[YZ] - E[Y]E[Z] = p^{(1)}p^{(0)}(\mu_Y^{(1)} - \mu_Y^{(0)})$$

となる.同様に,

$$\sigma_{ZX} = E[ZX] - E[Z]E[X] = p^{(1)}p^{(0)}(\mu_X^{(1)} - \mu_X^{(0)})$$

を得る.ただし,$z=0, 1$ に対し,$\mu_Y^{(z)} = E[Y|Z=z]$ が,$Z=z$ としたときの Y の条件付き期待値を表すのに対し,$\mu_X^{(z)} = E[X|Z=z]$ は,結果として $Z=z$ であったときの X の条件付き期待値という意味である.Z が定められた後に Y が観測されるのに対し,X は Z の後に観測されるのではなく,X が先にあって,それに基づいて Z が定められるためである.

　回帰分析は回帰直線に関する推論が主であるが,共分散分析の目的は処置効果の評価であって,共変量はそれを手助けする役割であることから,想定するモデルを,回帰分析での (2.52) と変数の順番を入れ替えて

$$Y = \alpha + \tau Z + \beta X + U \quad (2.57)$$

とする.このモデルでは,$Z=0$ とすると $Y=\alpha+\beta X+U$ であり,$Z=1$ とすると $Y=(\alpha+\tau)+\beta X+U$ であることから,両群で,回帰直線の傾きは同じで,切片が異なる回帰直線を表している.回帰直線は平行であるので,共変量のいずれの値でも処置の効果は Z の係数の τ で表される.回帰直線が両群で平行でないモデルは

$$Y = \alpha + \tau Z + \beta X + \xi Z X + U \tag{2.58}$$

となる．この場合は共変量 X の値ごとに効果の大きさが異なるため，処置効果をどう定義するのかが難しい．便宜上 X の平均での効果量を採用する例が多い．これを最小2乗平均（least squares mean）ということもある．共変量 X がない場合は (2.49) と同じく，等分散を仮定した2標本 t 検定となる．

共分散モデル (2.57) の τ は，(2.54) 同様

$$\begin{aligned}
\tau &= \frac{\sigma_X^2 \sigma_{YZ} - \sigma_{ZX}\sigma_{YX}}{\sigma_Z^2 \sigma_X^2 - \sigma_{ZX}^2} = \frac{\sigma_{YZ} - \sigma_{ZX}\sigma_{YX}/\sigma_X^2}{\sigma_Z^2 - \sigma_{ZX}^2/\sigma_X^2} \\
&= \frac{(\mu_Y^{(1)} - \mu_Y^{(0)}) - (\mu_X^{(1)} - \mu_X^{(0)})\sigma_{YX}/\sigma_X^2}{1 - p^{(1)}p^{(0)}(\mu_X^{(1)} - \mu_X^{(0)})^2/\sigma_X^2}
\end{aligned} \tag{2.59}$$

と表される．(2.59) の表現から，処置群と対照群間での共変量の平均の差 $\mu_X^{(1)} - \mu_X^{(0)}$ が 0 であれば，両群での結果変数 Y の平均値の群間差 $\mu_Y^{(1)} - \mu_Y^{(0)}$ が処置効果 τ となることがわかる．また，1.5節で示したように，群ごとに X と Y が無相関のときも $\mu_Y^{(1)} - \mu_Y^{(0)}$ が処置効果 τ と等しくなる．

以下，1.5節と同じく矢線表示（DAG）により場合分けして議論を進める．処置の割付け Z がランダムに行われる実験研究の場合，Z は，観測の可不可を問わずすべての共変量と独立であるので，矢線グラフは

$$\begin{array}{ccc} X & \leftarrow & U \\ & \searrow & \downarrow \\ Z & \rightarrow & Y \end{array}$$

となる（1.5節の図1.2（b）を参照）．この場合は，モデル (2.57) により Z から Y への因果効果は偏りなく推定可能である．このときの共変量 X の主たる位置付けは因果効果の推定精度の向上である．また，サンプルサイズがあまり大きくない場合には，処置群と対照群とで，共変量 X の分布にランダム割付けに起因する多少の不可避的なインバランスが生じるが，共分散分析はそのインバランスの調整をしてくれる．特に Y と関連の強い共変量の選択により，精度の高い処置効果の推定が可能となる．

例 2.7 例2.3の続き　例2.3では，2種類のタイヤ間での走行距離の間には有意な差は認められなかった（等分散を仮定した2標本 t 検定での P 値は $P = 0.749$）．このデータを，総排気量を共分散 X として共分散分析を行うと表

2.14 の結果が得られる（P 値の 0.001 は 0.001 未満を表す）．散布図は図 2.10 のようであり，2 つの回帰直線間の距離が処置効果となる．処置効果は約 1.5 であり，新規開発のタイヤ B のほうが走行距離を伸ばす働きがあるとの結論になる．共変量を考慮しないときと結論が異なる．

表 2.14 共分散分析の結果
決定係数：0.804

変数	係数	P 値
切片	28.254	0.001
処置 (Z)	1.459	0.037
総廃棄量 (X)	-7.063	0.001

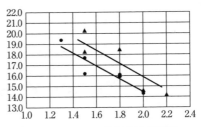

図 2.10 両群での散布図と処置効果

　この共分散分析では，結果変数と相関の高い共変量を考慮することで，処置効果の推定精度が上がると同時に，表 2.8 でみられた各タイヤでの総排気量の差（タイヤ B のほうが平均 150 cc 多く，P 値は 0.354 と統計的に有意でないものの，タイヤ B には不利に働いていた）の調整も行っている．同じデータであっても統計解析法によって結論が変わってしまう例となっている．

　次に，処置の割付け Z には，共変量 X のみが影響を与え，U は影響を与えない場合を扱う．矢線グラフは

$$\begin{array}{ccc} X & \leftarrow & U \\ \downarrow & \searrow & \downarrow \\ Z & \rightarrow & Y \end{array}$$

となる（1.5 節の図 1.2 (d) を参照）．実験研究では，X をブロック因子とし，X の値ごとに割付けを行うブロック計画（乱塊法など）がこれにあたる．ブロック変数の導入により，処置効果の推定が精度よく行える．観察研究では，割付けに関係した共変量はすべて特定されるというごく特殊な場合に相当する．この場合，X は交絡因子であり，Z から Y への因果効果の推定では X で調整しなくてはいけない．この場合も共分散分析モデル (2.57) で解析すれば，処置効果の偏りのない推定が可能となる（モデル (2.58) の可能性もある）．もし X が Y に影響を与えなければ（図 1.2 (c) を参照），X はモデル (2.57) に取り

込む意味がないので，無視して解析してもかまわない．しかし，現実のデータでは共変量が結果変数にまったく影響を与えないことも想定しづらいことから，共変量はモデルに組み入れておいたほうが無難である．

観測されない共変量の U が Z および X にともに影響を与えている場合には，処置効果の偏りのない推定は不可能である．これを回避するため，なるべく観測されない共変量の数を減らして，偏りの量を最小限にくい止める算段が必要となる．U は Z と Y には影響を及ぼすが X には影響を及ぼさない，逆にいえば X は未知の項変量からの影響を受けない変数であるとする．矢線グラフは

$$X \to \overset{\overset{\displaystyle U}{\downarrow}}{Z} \overset{\searrow}{\to} Y$$

である．このとき，X は操作変数（instrumental variable）と呼ばれ，観測されない共変量 U の影響を排除して，処置効果の偏りのない推定が可能となる．操作変数を用いた因果効果の推定に関しては第 8 章で詳しく議論する．

共分散分析は，データの解析段階において共変量の偏りを調整するきわめて有力な手法である．しかし，これとて万能ではなく，その適用にあたってはいくつかの点に留意しなくてはいけない．その第一は，その仮定の吟味である．共分散分析では，両群間での回帰関数が直線かつ平行であるとの仮定が置かれる．したがって，この仮定が成立しているか否かの確認が重要である．また，共分散分析は，共変量の値を与えたときの両群での条件付き期待値の比較であることから，両群での共変量の分布があまりに離れていたのでは，両群で共通の値がほとんど存在せず，どちらかあるいは両群での外挿をしていることになってしまう（1.5 節の図 1.3（d_4）参照）．したがって，共変量における両群の分布の重なり具合のチェックも必要である．Ho, et al.（2007）は，解析段階で共分散分析に過度に頼らないためにも，計画段階での両群の比較可能性を高める努力をすべきであると述べている．

最後に，X が処置 Z の影響を受ける場合について注意する．2.3.1 項でも述べたが，この種の変量をモデルに含めてはならない．例を用いて説明する．

例 2.8 **モデル選択** ある大学のある学科では，「応用統計学」の授業を 3 年次に開講していて，2 人の教員 A と B がそれぞれ 1 クラスずつを受け持ってい

る（以降これらをクラスA，クラスBと呼ぶ）．学生は自らの意思でクラスAかクラスBを選択して履修する．今年度，両クラスとも30名ずつの学生が履修し，同じ問題で学期の最後に期末試験を実施したところ，クラスAでの平均は約68点，クラスBでの平均は約79点と，両クラス間で約11点の開きがあった．この平均点の差を子細に検討するため，以下の変数を用いた共分散分析を行うこととした．

Z：クラスを表すダミー変数（0：クラスA，1：クラスB）．X_1：前年度の学生の成績（GPA）．4点満点で値の大きいほど成績がよい．X_2：今年度実施の中間試験の点数（両クラスとも同じ問題）．Y：期末試験の点数（100点満点で両クラスとも同じ問題）．

想定したモデルは

$$Y = \alpha + \tau Z + \beta_1 X_1 + \beta_2 X_2 + \varepsilon$$

であり，説明変数として

(a) Zのみ，(b) ZとX_1，(c) ZとX_2，(d) ZとX_1とX_2

のいずれかを採用した4つのモデルで，各係数の推定値と対応するP値，および自由度調整済み決定係数R^{*2}を求めてまとめたのが表2.15である．各セルの数字は，各モデルでの切片と各回帰係数の推定値（括弧内はP値），最後の列は自由度調整済み決定係数の値である．ただしP値の0.001は「0.001未満」を表す．

表2.15 各モデルでの分析結果

モデル	切片	Z	X_1	X_2	R^{*2}
Zのみ	67.900 (0.001)	11.233 (0.096)	—	—	0.031
ZとX_1	32.100 (0.001)	1.922 (0.737)	16.985 (0.001)	—	0.352
ZとX_2	31.407 (0.001)	7.153 (0.138)	—	0.874 (0.001)	0.509
ZとX_1, X_2	33.525 (0.001)	3.612 (0.470)	5.892 (0.119)	0.505 (0.001)	0.507

上記の(a)〜(d)のどのモデルを採用すべきであろうか．分析の目的がYの予測であり，予測時点が中間試験後であれば，Yの予測に最も有用なモデルは

(c) であろう（(d) も有力）．しかし，ここでの分析の目的は両クラス間の差である．その目的で採用すべきモデルは (b) の共分散分析モデルである．前年度の成績 X_1 は定期試験の点数に影響を与え，おそらく学生の授業の選択にも影響を与える交絡変数であるので，これを調整変数としてモデルに含める必要がある．授業の選択に影響を与えていなくても，クラス間の点数の差の推定精度を高める働きをする．X_2 はクラス決定後に観測される量であり，履修したクラスの影響を受ける中間変数であるので，モデルに含めるべきではない．モデルに含めるとクラス間の差に偏りをもたらす．X_1 で調整した結果，クラス間の差の推定値は 2 点程度で P 値も 0.737 と大きいことから，クラス間の差はほとんどないと結論される．何らかの理由で，前年度の成績のよい学生が多くクラス B を選択したようであり，選択の偏りが期末試験の点数となって現れたと解釈できる．

2.4 ロジスティック回帰

ロジスティック回帰は，結果変数 Y が（1：有効，0：無効）などのような 2 値の場合に，有効率 $p = P(\text{有効})$ と 1 つあるいは複数個の説明変数との間の関係を調べる目的で用いられる手法である．確率 p そのものに対し $p = \alpha + \beta x$ のようなモデルを想定すると，x の値によっては，p の予測値がその定義域 $0 \leq p \leq 1$ を超えてしまい，望ましくない．そこで，p そのものではなく，p の対数オッズ（log odds）に対し，ロジット変換（logit transform）と呼ばれる変換を施し

$$w = \text{logit}(p) = \log\left(\frac{p}{1-p}\right) = \alpha + \beta x \tag{2.60}$$

とモデル化する．ここで，対数は e を底とする自然対数である（以下同様）．こうすれば $-\infty < w < \infty$ となり，定義域を超える問題がなくなる．

確率 p は，(2.60) を逆に解いて

$$p = F(w) = \frac{1}{1 + \exp[-w]} = \frac{1}{1 + \exp[-(\alpha + \beta x)]} \tag{2.61}$$

と表される（図 2.11 (a)）．ここで $\exp[x] = e^x$ である．(2.61) の関数はロジスティック関数と呼ばれることからロジスティック回帰の名がある．また，累

積分布関数が (2.61) の $F(w)$ で与えられる確率分布をロジスティック分布という．ロジスティック分布の確率密度関数は $f(w)=F'(w)=\exp[-w]/(1+\exp[-w])^2$ である（図2.11 (b)）．

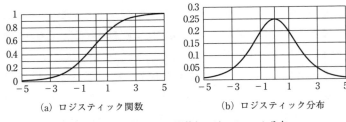

(a) ロジスティック関数　　　(b) ロジスティック分布

図2.11　ロジスティック関数とロジスティック分布

確率 p を $(-\infty,\infty)$ の範囲の変数に変換する関数は (2.60) だけではない．標準正規分布 $N(0,1)$ の累積分布関数を $\Phi(x)=\dfrac{1}{\sqrt{2\pi}}\int_{-\infty}^{x}\exp[-u^2/2]du$ としたとき，$w=\Phi^{-1}(p)$ としてもよい．この変換をプロビット変換（probit transform）という．しかし，プロビット変換では，変換の関数が積分形でしか表現できないため，数学的な扱いが厄介であるという難点がある．それに対し，ロジット変換は初等関数で表されるため扱いが容易である．

定義域が $(-\infty,\infty)$ である分布の累積確率関数の逆関数はすべてこの種の変換に用いることができる．たとえば，何らかの自由度をもつ t 分布などがその候補である．数学的な扱いの容易さとデータへの当てはまりの双方を考慮して変換を選択しなくてはならない．しかしいずれの場合も，確率 p が 0 または 1 にかなり近い場合には，変換後の値の絶対値はかなり大きくなり，データ解析に少なからぬ影響を与えかねないことから，実際の解析上は注意が必要である．特にまれな事象を扱う場合には，p は 0 に近いことから，モデルの当てはまりに留意しなくてはならない．

処置の割付けを Z（1：処置，0：対照）とし，それぞれの有効率を
$$p_1=P(Y=1\mid Z=1),\ p_0=P(Y=1\mid Z=0)$$
としたとき，ロジスティック回帰でのモデル化は
$$\log\{p/(1-p)\}=\alpha+\tau Z \tag{2.62}$$

である．$Z=0$ では $\log\{p_0/(1-p_0)\}=\alpha$ であり，$Z=1$ では $\log\{p_1/(1-p_1)\}=\alpha+\tau$ であるので，モデル（2.62）のパラメータの意味は，α が対照群での有効率の対数オッズ，τ が処置群の対照群に対する有効率の対数オッズ比 $\tau=\log[\{p_1/(1-p_1)\}/\{p_0/(1-p_0)\}]$ である．このように，ロジスティック回帰では，対数オッズ比が自然に現れてくることから，処置の有効性を主としてオッズ比の形で議論することになる．ただしオッズ比に関しては，2.1節でも触れたように，その解釈が自明とは限らない点に留意すべきである．オッズ比に関する統計的推測の詳細は2.1節を参照されたい．

次に共変量 X がある場合を扱う．共変量 X と結果変数 Y および処置変数 Z との関係や，観測されない共変量 U が与える影響などは2.3節での議論と類似であるので，ここでは，ロジスティック回帰に特有の問題を扱う．モデルを

$$\mathrm{logit}(p)=\log\{p/(1-p)\}=\alpha+\tau Z+\beta X+\xi ZX \tag{2.63}$$

とする．まず，共変量 X もたとえば性別のように2値（$X=0,1$）であるとする．記号を次のように定義する．$p_{zx}=P(Y=1\mid Z=z,X=x)$ とすると，（2.63）より

$$Z=1,X=1:\log\{p_{11}/(1-p_{11})\}=\alpha+\tau+\beta+\xi$$
$$Z=1,X=0:\log\{p_{10}/(1-p_{10})\}=\alpha+\tau$$
$$Z=0,X=1:\log\{p_{01}/(1-p_{01})\}=\alpha+\beta$$
$$Z=0,X=0:\log\{p_{00}/(1-p_{00})\}=\alpha$$

となる．よって（2.63）の各パラメータは

$$\alpha=\log\frac{p_{00}}{1-p_{00}}$$

$$\tau=\log\frac{p_{10}}{1-p_{10}}-\log\frac{p_{00}}{1-p_{00}}=\log\frac{p_{10}/(1-p_{10})}{p_{00}/(1-p_{00})}$$

$$\beta=\log\frac{p_{01}}{1-p_{01}}-\log\frac{p_{00}}{1-p_{00}}=\log\frac{p_{01}/(1-p_{01})}{p_{00}/(1-p_{00})}$$

$$\xi = \left(\log\frac{p_{11}}{1-p_{11}} - \log\frac{p_{01}}{1-p_{01}}\right) - \left(\log\frac{p_{10}}{1-p_{10}} - \log\frac{p_{00}}{1-p_{00}}\right)$$

$$= \log\frac{p_{11}/(1-p_{11})}{p_{01}/(1-p_{01})} - \log\frac{p_{10}/(1-p_{10})}{p_{00}/(1-p_{00})}$$

と表される.$\xi=0$ であれば,

$$\log\frac{p_{11}/(1-p_{11})}{p_{01}/(1-p_{01})} = \log\frac{p_{10}/(1-p_{10})}{p_{00}/(1-p_{00})}$$

および

$$\log\frac{p_{11}/(1-p_{11})}{p_{10}/(1-p_{10})} = \log\frac{p_{01}/(1-p_{01})}{p_{00}/(1-p_{00})}$$

であるので,

$$\tau = \log\frac{p_{10}/(1-p_{10})}{p_{00}/(1-p_{00})} = \log\frac{p_{11}/(1-p_{11})}{p_{01}/(1-p_{01})}$$

および

$$\beta = \log\frac{p_{01}/(1-p_{01})}{p_{00}/(1-p_{00})} = \log\frac{p_{11}/(1-p_{11})}{p_{10}/(1-p_{10})}$$

となる.

以上より (2.63) の各パラメータの解釈は次のようである.定数項 α は $X=0$ での対照群での有効対数オッズである.ξ は,共変量の値ごとに処置効果が異なるかどうかという交互作用 (interaction, 相互作用) を表すパラメータである.ξ が 0 でないときは,1.5 節の共分散分析における回帰係数が平行でないときと同様,共変量の値ごとに処置効果の大きさが異なることから,結果の解釈が難しくなる.$\xi=0$ で交互作用がないときは,τ は,共変量の値にかかわらず処置効果を処置群と対照群との間の対数オッズ比として表すものとなっている.β は処置群および対照群での共変量の違いを対数オッズ比としたものである.いずれも,共変量を所与とした条件付きオッズ比 (conditional odds ratio) である.

それに対し,共変量をモデルに取り込まない (2.62) に基づくオッズ比を周辺オッズ比 (marginal odds ratio) という.どちらのオッズ比が妥当な結果を与えるかは,研究のデザインに依存する.医学あるいは疫学では,共変量を考

慮しない (2.62) に基づく解析を単変量解析,共変量を考慮した (2.63) に基づく解析を多変量解析と呼ぶこともある.

例 2.9 シンプソンのパラドクス　シンプソンのパラドクスのデータは 1.6 節の表 1.2 に与えられている.共変量の性別を考えない合計に関するモデル (2.62) の各パラメータの推定値は

$$\text{合計}: \hat{\alpha} = 0, \quad \hat{\tau} = 0$$

である.共変量の性別を考慮したモデル (2.63) の各パラメータの推定値は

$$\hat{\alpha} = \log(2/3) = -0.405$$
$$\hat{\tau} = \log(12/15) - \log(2/3) = -0.223 - (-0.405) = 0.182$$
$$\hat{r} = \log(4/3) - \log(2/3) = 0.288 - (-0.405) = 0.693$$
$$\hat{\xi} = \log\{(8/5)/(4/3)\} - \log\{(12/15)/(2/3)\} = 0.182 - 0.182 = 0$$

となる.α は女性の対照群での生存の対数オッズ,τ は女性での処置の対数オッズ比,β は対照群での男性の女性に対する対数オッズ比,ξ は男女での処置の対数オッズ比の差で,性別と処置との間の交互作用を表す.$\xi = 0$ であるので,男女で処置のオッズ比は同じであり,τ は男性での処置の対数オッズ比でもある.また,β は処置群での性別の差も表している.周辺オッズ比では処置の効果はなく,条件付きオッズ比では処置の効果ありと判断される.

Chapter 3 統計的因果推論の枠組み

　本章では，潜在的結果の考え方に基づき，実験研究と対比する形で，観察研究における因果推論の考え方と方法論を扱う．処置効果（因果効果）の評価では，（ⅰ）処置効果の定義（推定対象の同定），（ⅱ）処置効果の推定可能性（識別性）の評価，（ⅲ）具体的な推定法の確立の3つが必要である．

3.1 処置効果の定義

　研究の対象となる最小の単位をここでは一般に個体と称する．たとえば薬剤の効果の評価などでは個人が個体となるが，野球やサッカーなどのスポーツにおける新しい練習法の効果の評価では，選手個々人ではなくチームが個体となる．学校での新しい教育法の評価では，個人別にその教育法が試されるのであれば個人が個体となるが，クラスごとにその教育法が導入されればクラスが個体であり，学校ごとでの導入であれば学校が個体となる．しかし，多くの場合個人が最小単位となることから，以下では個体として個人を念頭に置いて議論していく．その際の個人を被験者と呼ぶこともある．

　処置の割付け（assignment，あるいは割当て（allocation））を表すダミー変数を Z とし，そのとりうる値は2値（1：処置，0：対照）であるとする．処置を受けた個体の集合を処置群（treatment group），対照を受けた個体の集合を対照群（control group）という．対照群は心理学では統制群と呼ばれることが多い．処置効果の評価は対照との比較で行われるが，対照としては，単に処置を受けなかった場合や既存の標準的な処置を受けた場合，あるいは臨床試験のようにプラセボを受けた場合などがある．単に処置を受けなかった場合には対

照群を非処置群（untreated group）ともいう．

3.1.1 平均処置効果

個体 i に対し，処置に割付けられたときに得られるであろう結果変数の値を $Y_i(1)$ とし，同じ個体 i が対照に割付けられたときに得られるであろう値を $Y_i(0)$ とする．すなわち個体 i は，処置もしくは対照への反応において，得られるであろう値の組 $\{Y_i(1), Y_i(0)\}$ により特徴付けられる．ここでは $\{Y_i(1), Y_i(0)\}$ は確率変数ではなく，個体ごとに決まった値であるとする．この組 $\{Y_i(1), Y_i(0)\}$ を個体 i の潜在的な結果（potential outcomes）あるいは潜在的な反応（potential responses）という（Rubin（1974, 2005）などを参照）．処置の有無を表す変数 Z に対し，潜在的な結果は $Y_i(z), z=1, 0$ と表したり，あるいは割付け変数が Z であることを明示的に示す場合は，$Y_i(Z=z), z=1, 0$ と表記したりする．

潜在的な結果を用いて処置効果（treatment effect，あるいは因果効果（causal effect）ともいう）を定義する．

定義 3.1 個体処置効果 個体 i の潜在的な結果を $\{Y_i(1), Y_i(0)\}$ とするとき，それらの差

$$\tau_i = Y_i(1) - Y_i(0) \tag{3.1}$$

を個体処置効果（individual treatment effect：ITE）という．

この定義では，$Y_i(1) = Y_i(0)$ すなわち $\tau_i = 0$ であれば，個体 i の反応は処置あるいは対照のいずれの下でも同じであるので，個体 i にとっては，当該処置は効果がないことになる．それに対し $\tau_i \neq 0$ であれば，個体 i には処置は何らかの効果があるといえる．結果変数のとりうる値が 2 値で，$Y_i(z) = 1$（有効），$Y_i(z) = 0$（無効）としたときは（$z=1, 0$），$\tau_i = 1$ であれば正の効果，$\tau_i = -1$ であれば負の効果である．しかし，同じ個体に対して $Y_i(1)$ と $Y_i(0)$ は同時には観測されないので，個体処置効果 τ_i そのものは観測されない．すなわち，定義 3.1 の個体 i の個体処置効果 τ_i は，定義はされても観測も推定も不可能なのである．

同じ個体に対しては，処置を施した場合と施さなかった場合の結果が同時に

は観測されないことを Holland (1986) は「因果推論における根本問題」(the fundamental problem in causal inference) と表現した．常に $\{Y_i(1), Y_i(0)\}$ のうちの片方のみが観測されるにすぎないが，$\{Y_i(1), Y_i(0)\}$ を組として両方とも考えるところに，因果推論の理解の鍵がある．$\{Y_i(1), Y_i(0)\}$ のうちの片方のみが観測され，もう片方は観測されないことから，観測されない量を想定したモデルという意味で，これを反事実モデル (counterfactual model) ともいう (Morgan and Winship, 2015). このモデルの提唱者の Rubin 自身は，$\{Y_i(1), Y_i(0)\}$ のうちの片方は観測されることから，反事実モデルよりも potential outcomes と呼ぶことを好んでいる．また Rubin は，$\{Y_i(1), Y_i(0)\}$ のうちの片方は観測されない（欠測となる）ことから，因果推論の本質は欠測データ (missing data) の問題であるととらえている．欠測データの統計解析に関しては，本書の第10章および Little and Rubin (2002)，岩崎 (2002)，阿部 (2016) などを参照されたい．

同じ個体に対して異なる時点で処置を入れ替えて2回（以上）結果を観測するクロスオーバー計画 (cross-over design) もあるが，同じ個体であっても異なる時間における観測は別の観測値であるととらえる．すなわち，時刻 t および $t+1$ における潜在的な結果変数はそれぞれ $\{Y_i^{(t)}(1), Y_i^{(t)}(0)\}$ および $\{Y_i^{(t+1)}(1), Y_i^{(t+1)}(0)\}$ のように別のものとする．

潜在的な結果を基にした因果推論では，$\{Y_i(1), Y_i(0)\}$ のように同じ個体に対して原因系の2状態 $Z=1$ と0の両方が設定できるものしか研究の対象とはならない．たとえば，性差別の問題（男女差が給料や昇進のスピードの原因か）は，同じ個体が男性だったとき ($Z=1$) と女性だったとき ($Z=0$) の両方は考えられないので，ここでの考察対象から外れる．1.1節で「操作なくして因果なし」と述べたが，その理由がここにある．

個体レベルでの処置効果は推定不可能であることから，個体の集まりである母集団を考え，その母集団における処置効果を定義する．

定義 3.2 平均処置効果 母集団全体での個体処置効果の期待値
$$\tau = E[Y(1) - Y(0)] = E[Y(1)] - E[Y(0)] \quad (=\tau_1 - \tau_0) \qquad (3.2)$$
を，平均処置効果 (average treatment effect：ATE) あるいは平均因果効

果(average causal effect:ACE)という.

本書では,ATEとACEを同じ意味に用い,その間の区別を付けないことにする.(3.2)のτは母集団での平均処置効果であることから,母集団平均処置効果(population average treatment effect:PATE)ともいう(Imbens (2004), Imai, et al. (2008)などを参照).母集団が全部でN個の個体からなる場合には,(3.2)は

$$\tau = \text{PATE} = \frac{1}{N}\sum_{i=1}^{N}(Y_i(1)-Y_i(0)) = \frac{1}{N}\sum_{i=1}^{N}Y_i(1) - \frac{1}{N}\sum_{i=1}^{N}Y_i(0) \qquad (3.3)$$

となる.

期待値の加法性,すなわち「差の期待値は期待値の差」,より導かれる(3.2)の右辺の$\tau_1 = E[Y(1)]$は,(3.3)の最右辺の式から明確にわかるように,母集団のすべての個体に処置を施したときの期待値であり,$\tau_0 = E[Y(0)]$はすべての個体に処置を施さなかったときの期待値である.なお,Yが1もしくは0の値をとる2値変数の場合には,$z = 1$および0に対し,$E[Y(z)] = P(Y(z) = 1)$であることに注意する.母集団すべての個体に処置を施したときの結果τ_1とすべての個体に処置を施さなかったときの結果τ_0は,どちらか片方は観測可能であるが,同時には観測されないので,τそのものは観測不可能である.しかし,推定対象(estimand)としてτを定義しておくことには意味がある.

例 3.1 **処置効果の定義** 表3.1は,結果変数Yは2値で,母集団は10人からなる場合の簡単な例である.表3.1(a)では,すべての個体で$Y_i(1) = Y_i(0)$であるので,(3.1)で定義される個体処置効果τ_iはなく,したがって(3.2)の平均処置効果τも0である.表3.1(b)では,ID = 1, 2, 3, 4, 9, 10の個体では個体処置効果はみられないが,ID = 5, 6の個体では正の処置効果,ID = 7, 8では負の処置効果がある.しかし,正の効果と負の効果のみられる個体はともに2人ずつであるので,母集団全体での平均処置効果は0である.表3.1(c)では,個体処置効果が正の個体が4人で負の個体が2人であるので,母集団全体としての平均処置効果は0.2となっている.表3.1(c)では,$\tau_1 = E[Y(1)] = P(Y(1) = 1) = 6/10 = 0.6$,$\tau_0 = E[Y(0)] = P(Y(0) = 1) = 4/10 = 0.4$であることもわかる.しかし,各個体では$Y(1)$と$Y(0)$のいずれか片方しか観測さ

れないので，$E[Y(1)]$ および $E[Y(0)]$ も実際には両方は観測されない．

表 3.1 個体処置効果と平均処置効果

(a) 個体処置効果がない

ID	潜在的結果 $Y(1)$	$Y(0)$	効果 τ
1	1	1	0
2	1	1	0
3	1	1	0
4	1	1	0
5	1	1	0
6	1	1	0
7	0	0	0
8	0	0	0
9	0	0	0
10	0	0	0
平均	0.6	0.6	0

(b) 平均処置効果がない

ID	潜在的結果 $Y(1)$	$Y(0)$	効果 τ
1	1	1	0
2	1	1	0
3	1	1	0
4	1	1	0
5	1	0	1
6	1	0	1
7	0	1	-1
8	0	1	-1
9	0	0	0
10	0	0	0
平均	0.6	0.6	0

(c) 平均処置効果がある

ID	潜在的結果 $Y(1)$	$Y(0)$	効果 τ
1	1	1	0
2	1	1	0
3	1	0	1
4	1	0	1
5	1	0	1
6	1	0	1
7	0	1	-1
8	0	1	-1
9	0	0	0
10	0	0	0
平均	0.6	0.4	0.2

帰無仮説 H_0 と対立仮説 H_1 を

$$H_0 : \tau = 0 \text{ vs. } H_1 : \tau \neq 0 \tag{3.4}$$

とした検定問題において，表 3.1 (a) のようにすべての個体処置効果が 0 の場合をシャープな帰無仮説（sharp null hypothesis）という．実際問題の多くでは，個体には処置効果があるものもないものもいるし，効果の大きさも個体ごとに異なるであろうことから（個体処置効果の不均一性（heterogeneity）という），(3.4) での τ は，母集団全体での平均処置効果とし，それが表 3.1 の (b) であるかあるいは (c) であるかを検討することになる．結果変数が連続的なときには，$Y_i(1) = Y_i(0) + \tau$ のように，個体処置効果の均一性（homogeneity）を想定することもある．結果変数が 2 値の場合は，個体処置効果の均一性はすべての個体に処置効果がないかあるいは同じだけあるかを意味するので，この想定は現実的ではない．

個体 i における潜在的な結果 $\{Y_i(1), Y_i(0)\}$ は，両方同時には観測できないが，母集団におけるそれらの同時分布の考察は，処置効果の特質あるいは処置への反応に関する母集団の特徴を知る上で有用である．

$\{Y(1), Y(0)\}$ がともに 2 値変数（1：有効，0：無効）のとき，母集団の各個

3.1 処置効果の定義

体は以下の4種類に分別される.

$Y(1)=1, Y(0)=1$：処置でも対照でも効果がある
$Y(1)=1, Y(0)=0$：処置では効果があるが対照では効果がない
$Y(1)=0, Y(0)=1$：処置では効果がないが対照では効果がある
$Y(1)=0, Y(0)=0$：処置でも対照でも効果がない

そして, 4種類の個体の母集団での比率をそれぞれ表3.2のように定義する. この定義により表3.1の各数値例を表したものが表3.3である.

表3.2 各種類の潜在的な結果の母集団比率

比率		対照 ($Z=0$)		
		$Y(0)=1$	$Y(0)=0$	計
処置 ($Z=1$)	$Y(1)=1$	q_{11}	q_{10}	q_1
	$Y(1)=0$	q_{01}	q_{00}	$1-q_1$
	計	q_0	$1-q_0$	1

表3.3 表3.1の比率
(a) 個体処置効果がない

比率		対照 ($Z=0$)		
		$Y(0)=1$	$Y(0)=0$	計
処置 ($Z=1$)	$Y(1)=1$	0.6	0	0.6
	$Y(1)=0$	0	0.4	0.4
	計	0.6	0.4	1

(b) 平均処置効果がない

比率		対照 ($Z=0$)		
		$Y(0)=1$	$Y(0)=0$	計
処置 ($Z=1$)	$Y(1)=1$	0.4	0.2	0.6
	$Y(1)=0$	0.2	0.2	0.4
	計	0.6	0.4	1

(c) 平均処置効果がある

比率		対照 ($Z=0$)		
		$Y(0)=1$	$Y(0)=0$	計
処置 ($Z=1$)	$Y(1)=1$	0.2	0.4	0.6
	$Y(1)=0$	0.2	0.2	0.4
	計	0.4	0.6	1

表3.2の記号を用いると、平均処置効果は $\tau = q_1 - q_0 = q_{10} - q_{01}$ となる．個体処置効果がまったくない、すなわちすべての i で $Y_i(1) = Y_i(0)$ であることは、$q_{10} = q_{01} = 0$ で特徴付けられる．これは（3.4）の検定でのシャープな帰無仮説に対応する（表3.3 (a)）．それに対し、平均処置効果がないことは $q_1 = q_0$ すなわち $q_{10} = q_{01}$ と表される．この場合、q_{10}, q_{01} は必ずしも0ではない（表3.3 (b)）．

新薬開発において、新薬（$Z=1$）の有効性と既存薬（$Z=0$）の有効性の比較では、$q_{10} = q_{01} = 0$ であれば、少なくとも有効性の観点からは新薬は既存薬とまったく同じであるので市場に出す価値はないが、各個体の薬剤への反応性が異なり $q_{10} = q_{01} > 0$ であれば、どちらかの薬剤により病気が治る確率は $q_{11} + q_{10} + q_{01}$ であるので、患者にとってはこの新薬の開発は有用であると判断できる．一方、新薬（$Z=1$）とプラセボ（$Z=0$）の比較では、薬剤で無効であるがプラセボで有効とは考えにくいことから $q_{01} = 0$ と仮定するのが妥当である．$\{Y_i(1), Y_i(0)\}$ の両方が観測されることはないので、表3.2の各確率を推定するすべはないが、処置の種類あるいは母集団の性質としてこれらの確率の構造を考えることはデータ解析上有益である．

$\{Y(1), Y(0)\}$ がともに連続量の場合には、これらに対してたとえば2変量正規分布 $N_2(\mu_1, \mu_0, \sigma_1^2, \sigma_0^2, \sigma_{10})$ が想定される．このとき均一な処置効果は、この分布が $N_2(\mu_0 + \tau, \mu_0, \sigma_1^2, \sigma_0^2, \sigma_1\sigma_0)$、すなわち相関係数 $\rho = \sigma_{10}/(\sigma_1\sigma_0) = 1$ の退化した1次元正規分布となることに対応している．相関係数 ρ が大きければ大きいほど処置効果は均一であるといえる．

3.1.2　種々の処置効果

処置効果は、母集団全体ではなく、母集団のある部分集合 A に対しても定義される．

定義 3.3　部分集合での平均処置効果　A を母集団のある部分集合とし、N_A をその部分集団での個体数として、

$$\tau_A = E[Y(1) - Y(0) | A] = \frac{1}{N_A} \sum_{i \in A} (Y_i(1) - Y_i(0)) \tag{3.5}$$

を部分集合 A における平均処置効果という．

定義 3.3 で特に A を処置を受けた個体 ($Z_i=1$) の集合とした場合，N_T を処置を受けた個体数として，処置群での平均処置効果（average treatment effect on the treated：ATT）は

$$\tau_T = E[Y(1)-Y(0)|Z=1] = \frac{1}{N_T}\sum_{Z_i=1}(Y_i(1)-Y_i(0)) \qquad (3.6)$$

として定義され，対照群での平均処置効果（average treatment effect on the control：ATC）も同様に，N_C を処置を受けなかった個体数として

$$\tau_C = E[Y(1)-Y(0)|Z=0] = \frac{1}{N_C}\sum_{Z_i=0}(Y_i(1)-Y_i(0)) \qquad (3.7)$$

と定義される．τ_C が処置を受けなかった個体の平均処置効果（average treatment effect on the untreated：ATU）であるときは τ_U と表されることもある．(3.6) での $E[Y(0)|Z=1]$ および (3.7) での $E[Y(1)|Z=0]$ はともにその定義式に反事実を含むので，τ_T も τ_C も一般には推定不可能である．これらが推定可能となる条件は 3.2 節で議論する．また，(3.3) の PATE に対応して，母集団から得られた n 個の個体からなる標本での平均処置効果を標本平均処置効果（sample average treatment effect：SATE）ともいう．すなわち

$$\tau_S = \text{SATE} = \frac{1}{n}\sum_{i=1}^{n}(Y_i(1)-Y_i(0)) \qquad (3.8)$$

である．

ある種の政策決定では，対象の母集団全体の中で，処置を受けない人あるいは受ける必要のない人（貧困者対策での富裕層など）ではなく，処置を受ける人に対しどの程度効果があるのかが知りたいことが多いであろう．その場合はATT を評価対象とし，逆に，貧困者の中で処置を受けない人（あるいはこれまで受けてこなかった人）での処置効果の大きさ，すなわち ATC がわかれば，彼らに処置を受けさせるキャンペーンを行うことにもつながる．ATT などの定義は，母集団の想定による．たとえば貧困者のみを母集団と考えれば，上述の ATT は ATE となる．しかし，貧困者のみの母集団は想定しづらいことから，ある地域の住民全体といった集団を母集団にせざるを得ないであろう．

(3.8) の SATE も，PATE 同様観測不可能な量である．SATE が PATE と同じかどうかは，標本の選択法による．たとえば，新薬開発の臨床試験では，被験者は，患者全体の母集団からのランダムサンプルではなく，臨床試験への参加に同意し，かつ試験への組み入れ基準（血圧が何 mmHg 以下など）を満たしたものからなる．それゆえ必然的に患者全体の母集団とは異なることになる．PATE と SATE との違いは，実験あるいは観察研究の対象集団から，より大きな母集団への一般化可能性（generalizability）とも関係した重要な要素である．

例 3.2 例 3.1 の続き　表 3.1 の各表において，ID が 1, 2, 3, 4, 7 の 5 人が処置を受け（$Z=1$），それ以外の 5 人が処置を受けなかった（$Z=0$）とする（表 3.4）．表 3.4 の各表での処置別の列では，その処置の下での個体処置効果を示し，空欄となったもう片方の潜在的結果は欠測とみなされる．Rubin が因果推論の本質は欠測データの問題であるととらえている理由がここにある．

それぞれの表での ATT と ATC は以下のようになる．

(a) ATT = 0, ATC = 0,
(b) ATT = −0.2, ATC = 0.2,
(c) ATT = 0.2, ATC = 0.2

表 3.4 (a) ではどの個体が処置を受けたとしても ATT，ATC ともに 0 となるが，表 3.4 (b) では全体での平均処置効果は 0 であるが部分集団での平均処置効果はどの個体が処置を受けたかによって異なったものとなる．表 3.4 (c) では全体での平均処置効果は正であるが，部分集団での平均処置効果は同じとなっている．

表3.4 処置の割付けと ATT, ATC

(a) 個体処置効果がない

ID	潜在的結果 $Y(1)$	潜在的結果 $Y(0)$	効果 τ	処置 Z	処置別 $\tau\|Z=1$	処置別 $\tau\|Z=0$
1	1	1	0	1	0	
2	1	1	0	1	0	
3	1	1	0	1	0	
4	1	1	0	1	0	
5	1	1	0	0		0
6	1	1	0	0		0
7	0	0	0	1	0	
8	0	0	0	0		0
9	0	0	0	0		0
10	0	0	0	0		0
平均	0.6	0.6	0	0.5	0	0

(b) 平均処置効果がない

ID	潜在的結果 $Y(1)$	潜在的結果 $Y(0)$	効果 τ	処置 Z	処置別 $\tau\|Z=1$	処置別 $\tau\|Z=0$
1	1	1	0	1	0	
2	1	1	0	1	0	
3	1	1	0	1	0	
4	1	1	0	1	0	
5	1	0	1	0		1
6	1	0	1	0		1
7	0	1	-1	1	-1	
8	0	1	-1	0		-1
9	0	0	0	0		0
10	0	0	0	0		0
平均	0.6	0.6	0	0.5	-0.2	0.2

(c) 平均処置効果がある

ID	潜在的結果 $Y(1)$	潜在的結果 $Y(0)$	効果 τ	処置 Z	処置別 $\tau\|Z=1$	処置別 $\tau\|Z=0$
1	1	1	0	1	0	
2	1	1	0	1	0	
3	1	0	1	1	1	
4	1	0	1	1	1	
5	1	0	1	0		1
6	1	0	1	0		1
7	0	1	-1	1	-1	
8	0	1	-1	0		-1
9	0	0	0	0		0
10	0	0	0	0		0
平均	0.6	0.4	0.2	0.5	0.2	0.2

3.2 SUTVA 条件

3.1節で個体処置効果を定義したが,それらが実際に意味をもつためにはSUTVA条件と呼ばれる仮定を満たす必要がある.そうでないと,処置効果が扱いやすい形で定義されない.

定義 3.4 SUTVA 条件 個体 i を特徴付ける潜在的な結果 $\{Y_i(1), Y_i(0)\}$ が次の2条件を満足するとき，それは SUTVA (stable unit treatment value assumption) 条件を満足するという (Rubin, 1980)：

(a) 個体 i の潜在的な結果 $\{Y_i(1), Y_i(0)\}$ は，他の個体の受ける処置に依存しない．

(b) 個体 i に対する処置は1通りに定まる．

以下，これらの意味を説明する．

条件 (a) は相互干渉がない (no interference) とも呼ばれる (Cox, 1958)．ある個体の潜在的な結果が他の個体の受ける処置に影響されるとする．たとえば3人 (i, j, k) のグループにおいて，個体 i の潜在的な結果が個体 j, k の受ける処置に依存する場合，個体 i, j, k の受ける処置をそれぞれ Z_i, Z_j, Z_k とすると，個体 i の潜在的な結果は，単に $\{Y_i(Z_i=1), Y_i(Z_i=0)\}$ ではなく $Y_i(Z_i, Z_j, Z_k)$ と表現される．具体的に，$\{Y_i(1,0,0), Y_i(0,0,0)\}$, $\{Y_i(1,0,1), Y_i(0,0,1)\}$, $\{Y_i(1,1,0), Y_i(0,1,0)\}$, $\{Y_i(1,1,1), Y_i(0,1,1)\}$ の組をすべて考えなくてはいけなくなる．すなわち一般に n 人からなるグループでの処置の種類を表すベクトルを $z = (z_1, ..., z_n)$ としたとき，条件 (a) は個体 i の潜在的結果が $Y_i(z)$ でなく $Y_i(z_i)$ と z_i のみで表現されるための条件なのである．

しかし現実問題では相互干渉（相互依存）は存在しうる．たとえばインフルエンザワクチン接種の効果の評価では，個体 j と個体 k がワクチンを接種しているのであれば，個体 i はワクチンを摂取していなくてもインフルエンザにかかる可能性は低くなるであろう．また，ある新しい教授法の効果の評価では，i, j, k が同じグループで勉強しているのであれば，個体 i のパフォーマンスは個体 j と k に依存するに違いない．

条件 (a) の成立いかんは，研究対象の注意深い選択に依存する．実験研究であれば，相互干渉が起きないような実験の場を工夫によりつくり上げることは可能である．心理実験では，他の被験者の様子が見えないような環境設定がされているであろう．観察研究においても，この条件の仮定が的を射たものであるか否かの評価は不可欠である．もし相互依存が実際に起こりうる場合には，相互依存性をモデル化するか，あるいは相互依存関係にあるグループをひとま

3.2 SUTVA 条件

とめにして，それらを1つの個体として扱うか，といった措置が必要になろう．

条件（b）は，処置の内容を明確にすべきであることを要請している．たとえば，ダイエットが体重減少に効果があるか，といった問いは不完全である．ダイエットという処置の中身はきわめて多種類に及ぶからである．被験者によって，カロリーを控えること，食べる量を減らすこと，炭水化物は摂らないことなどさまざまな処置のバージョンが考えられる．また，風邪薬の服用で風邪が治るか，という問いも不完全である．風邪薬をどう服用するかが規定されていないからである．1日何回か，1回当たり何錠か，それは食前か食後かなどの細かな規定が必要である．これは，統計的検定で「薬剤の効果があることを立証したい」と問うのでは不十分で，仮説はたとえば，薬剤を毎日1回朝食後に服用した場合の3日目の熱が平熱に戻ったか否か，というように具体的に設定しないと検定が行えないのに似ている．何を処置とするのかを明確に述べなくてはならない．

ある教育プログラムの受講がその後の就職活動に有利かどうかという研究では，そのプログラムに自主的に参加したかあるいは強制的に参加させられたかによって結果が変わるかもしれない．上述の（b）は，教育プログラムの受講が処置ならば，それに至った経緯は結果に影響しないという仮定である．これを経済学では除外制約（exclusive restriction）と呼ぶ（大森ほか訳（2013）などを参照）．除外制約の仮定は，プログラムを受講しなかった人は，それを受講するようにいわれて受講しなかったのか，あるいは受講しないようにいわれて受講しなかったのかにかかわらず，同じ受講しなかった人とみなして解析することにつながる．たとえば，F を強制的か自主的かを表すダミー変数（1：強制的，0：自主的）としたとき，除外制約は，すべての個体 i に対し，$Y_i(F_i=f_i, Z_i=z_i) = Y_i(Z_i=z_i)$，$f_i, z_i = 1, 0$ となる制約条件である．これは第8章で扱うノンコンプライアンスともかかわってくる．除外制約が成り立つか否かは扱う問題による．もし除外制約が成り立たないのであれば，「自主的に参加」と「強制的に参加」とは別の処置としなくてはならない．

3.3 処置の割付けと識別性

3.1節では,種々の処置効果を定義したが,それらは観測データから推定可能であるか,そうであるならばどのように推定すればよいかが問題となる.平均処置効果 (3.2) は,定義はされても観測不可能であると述べた.それが観測可能になるためには,個体への処置の割付け方法が重要な役割を果たす.以下では平均処置効果が推定可能となるための条件を探る.

3.3.1 識別性条件

個体 i への処置の割付けを表す変数を Z_i (1:処置,0:対照) とすると,実際に観測される結果 (observable outcome) は

$$Y_i = Z_i Y_i(1) + (1-Z_i) Y_i(0) \tag{3.9}$$

と表される.$Z_i=1$ のときは $Y_i(1)$ が観測されるが $Y_i(0)$ は観測されず反事実となり,$Z_i=0$ では $Y_i(0)$ が観測されるが $Y_i(1)$ は観測されない.括弧の付いた変数 $Y(z), z=1,0$ は潜在的な結果で必ずしも観測されるとは限らず,括弧のない Y は実際に観測される変数であることに注意する.

定義 3.5 正値性 処置を受ける確率が

$$0 < P(Z=1) < 1 \tag{3.10}$$

となることを正値性 (positivity) という.

定義 3.5 は,個体が処置を受ける確率 $P(Z=1)$ も対照となる確率 $P(Z=0)$ も 0 でないと仮定するものである.処置効果は処置群と対照群との比較によって評価されるため,どちらかの群に割付けられる確率が 0 では評価不可能であることから,当然ともいえる仮定である.

正値性の条件 (3.10) の下で観測される結果 Y の,処置 $Z=z$ の下での条件付き期待値を

$$E[Y \mid Z=z] \quad (z=1,0) \tag{3.11}$$

とし,潜在的結果の条件付き期待値を

3.3 処置の割付けと識別性

$$E[Y(z')\mid Z=z] \quad (z, z'=1, 0) \tag{3.12}$$

とする．条件付き期待値 (3.11) と (3.12) の違いに注意する．(3.11) では処置群および対照群のそれぞれで

$$E[Y\mid Z=1]=E[Y(1)\mid Z=1],\ E[Y\mid Z=0]=E[Y(0)\mid Z=0] \tag{3.13}$$

であり，これらは観測可能量である．しかし，(3.12) における $E[Y(1)\mid Z=0]$ および $E[Y(0)\mid Z=1]$ は反事実となり，観測されない．また，両群間での観測される値同士の期待値の差は

$$E[Y\mid Z=1]-E[Y\mid Z=0]=E[Y(1)\mid Z=1]-E[Y(0)\mid Z=0] \tag{3.14}$$

であるが，これは，処置に割付けられた個体の $Y(1)$ の期待値と処置に割付けられなかった個体の $Y(0)$ の期待値との差であり，(3.2) で定義した平均処置効果 τ ではない．

例 3.3 観測可能量の差と潜在的結果の差　3.1.2 項の例 3.2 では，潜在的な結果に対し割付けを行った場合の例を示した．ここでは例 3.2 の表 3.4 の各数値例に対し，観測される値同士の差 (3.14) と平均処置効果の違いをみる．表 3.5 は割付けが Z のときに観測される結果変数の値 (3.9) である Y を割付けごとに示している．これらの各列の空欄は観測されない潜在的な結果変数で，欠測になっていると解釈される．各表での数値を具体的に求めると，表 3.5 (a) は個体処置効果がない場合であるが，(3.14) は

$$E[Y\mid Z=1]-E[Y\mid Z=0]=4/5-2/5=0.8-0.4=0.4$$

と効果があるようにみえる．表 3.5 (b) および (c) では，(3.14) は

$$E[Y\mid Z=1]-E[Y\mid Z=0]=4/5-1/5=0.8-0.2=0.6$$

と同じになる．しかし平均処置効果は，(b) では 0，(c) では 0.2 である．

表 3.5 観測可能量の差と潜在的結果の差

(a) 個体処置効果がない

ID	潜在的結果 Y(1)	Y(0)	効果 τ	処置 Z	処置別 Y|Z=1	Y|Z=0
1	1	1	0	1	1	
2	1	1	0	1	1	
3	1	1	0	1	1	
4	1	1	0	1	1	
5	1	1	0	0		1
6	1	1	0	0		1
7	0	0	0	1	0	
8	0	0	0	0		0
9	0	0	0	0		0
10	0	0	0	0		0
平均	0.6	0.6	0	0.5	0.8	0.4

(b) 平均処置効果がない

ID	潜在的結果 Y(1)	Y(0)	効果 τ	処置 Z	処置別 Y|Z=1	Y|Z=0
1	1	1	0	1	1	
2	1	1	0	1	1	
3	1	1	0	1	1	
4	1	1	0	1	1	
5	1	0	1	0		0
6	1	0	1	0		0
7	0	1	−1	1	0	
8	0	1	−1	0		1
9	0	0	0	0		0
10	0	0	0	0		0
平均	0.6	0.6	0	0.5	0.8	0.2

(c) 平均処置効果がある

ID	潜在的結果 Y(1)	Y(0)	効果 τ	処置 Z	処置別 Y|Z=1	Y|Z=0
1	1	1	0	1	1	
2	1	1	0	1	1	
3	1	0	1	1	1	
4	1	0	1	1	1	
5	1	0	1	0		0
6	1	0	1	0		0
7	0	1	−1	1	0	
8	0	1	−1	0		1
9	0	0	0	0		0
10	0	0	0	0		0
平均	0.6	0.4	0.2	0.5	0.8	0.2

例 3.3 の数値例は，潜在的な結果が 1 である個体が多く処置群とされたものであった．そのような場合には，平均処置効果と観測される処置効果との間に乖離を生じる．そうならないための条件を次に与える．

定義 3.6 独立性 割付け Z が潜在的な結果 $\{Y(1), Y(0)\}$ に依存しないことを，$\{Y(1), Y(0)\}$ と Z は独立（independent）であるといい，

$$\{Y(1), Y(0)\} \perp Z \tag{3.15}$$

と書く．

3.3 処置の割付けと識別性

　処置が各個体に対して無作為に決められるランダム割付けであれば，割付け変数 Z は個体のすべての属性とは無関係であり，したがって潜在的な結果 $\{Y(1), Y(0)\}$ とも無関係となることから (3.15) が成り立つ．$\{Y(1), Y(0)\}$ の母集団での同時分布を $p(y(1), y(0))$ として，$Z=1$ のときの条件付き分布を $p(y(1), y(0) \mid z=1)$ とし，$Z=0$ のときの条件付き分布を $p(y(1), y(0) \mid z=0)$ としたとき，(3.15) は，すべての $y(1)$，$y(0)$ に対し，$p(y(1), y(0) \mid z=1) = p(y(1), y(0) \mid z=0) = p(y(1), y(0))$ であることを表している．条件付き分布における z の値を入れ替えても分布は同じであることから，(3.15) の条件を交換可能性 (exchangeability) ともいう (Hernán and Robins, 2015)．

　一般に，事象 A, B に対し，$A \perp B$ であれば $P(A \mid B) = P(A)$ であるので (Supplement A を参照)，割付けがランダムで (3.15) が成り立てば，結果変数 $Y(1)$ に関しては

$$E[Y \mid Z=1] = E[Y(1) \mid Z=1] = E[Y(1)]$$

となり，同様に $Y(0)$ に関しても

$$E[Y \mid Z=0] = E[Y(0) \mid Z=0] = E[Y(0)]$$

となる．すなわち，

$$E[Y \mid Z=1] = E[Y(1)] \qquad (3.16\text{a})$$
$$E[Y \mid Z=0] = E[Y(0)] \qquad (3.16\text{b})$$

が成り立つ．ここで，(3.16a, b) の両式の右辺は観測不可能であるが，左辺は観測可能であり，定義 3.2 で観測不可能と述べた差 $\tau = E[Y(1)] - E[Y(0)]$ が，(3.16a, b) の各左辺の観測可能量の差

$$\tau = E[Y \mid Z=1] - E[Y \mid Z=0] \qquad (3.17)$$

で表現される．Y が 2 値 ($Y=1, 0$) のときは

$$\tau = P(Y=1 \mid Z=1) - P(Y=1 \mid Z=0) \qquad (3.18)$$

となる．これより，平均処置効果が観測可能量で推定できることになる．すなわち，定義 3.5 の正値性および定義 3.6 の独立性により，平均処置効果 τ は推定可能となる．一般に，観測可能量によって母集団パラメータが一意に推定可能であるとき，パラメータは識別 (identify) される，あるいは識別可能 (identifiable) であるという．定義 3.5 の正値性および定義 3.6 の独立性は，平均処置効果 τ が識別されるための識別可能条件である．これにより，τ は

(3.17) の左辺の推定値（たとえば標本平均）により偏りなく推定できることになる．

正確にいえば，独立性 (3.15) は平均処置効果 τ が偏りなく推定できるための十分条件である．もし τ が (3.2) のように潜在的な結果の差の期待値で定義されているのであれば，

$$E[Y(1)|Z=1] = E[Y(1)|Z=0] \tag{3.19a}$$
$$E[Y(0)|Z=1] = E[Y(0)|Z=0] \tag{3.19b}$$

の条件が成り立つことで，τ は偏りなく推定される．すなわち，群間での分布の同一性ではなく期待値の同一性が成り立っていればよいことになる．(3.19a, b) の条件は平均独立性 (mean independence)（たとえば Imbens (2004) 参照）あるいは平均交換可能性 (mean exchangeability) という（たとえば Hernán and Robins (2015) 参照）．しかし (3.19a, b) の条件は，反事実 $E[Y(1)|Z=0]$ および $E[Y(0)|Z=1]$ を含むため，観測データからは立証不能である．また，期待値は結果変数の分布に依存するという性質があることから（たとえば，正規分布の分散の不偏推定量 S^2 は，文字通り母分散 σ^2 の不偏推定量であるが，不偏分散の平方根 S は母標準偏差 σ の不偏推定量ではない），(3.19a, b) をいうためには母集団分布を特定する必要もある．それに対し独立性は，τ の偏りのない推定のためには平均独立性よりも強い条件ではあるが，データ取得の工夫により実現可能であることから，実際上は独立性を要請することが多い．

独立性の条件 (3.15) は，観測可能量 Y と割付けとの独立性 $Y \perp Z$ と混同されがちである．$Y \perp Z$ からは，$E[Y|Z=0] = E[Y|Z=1]$ が導かれる．これは，処置群と対照群とで観測される結果変数の期待値が同じであり，観測される処置効果がないことを意味する．独立性 (3.15) は処置効果の有無とは無関係な概念である．また，独立性 (3.15) は観測データ Y からは確認のできない条件である点に注意する．独立性の担保は，ランダム割付けなどのデータの取得計画によって実現しなくてはならない．

3.3.2　処置効果の推定

ここでは，識別性条件が成り立つときの処置効果の推定法を例題を用いて考

察する.

例 3.4 処置効果の推定,例 3.3 の続き　3.1.1 節の表 3.1 (c) の処置効果がある場合につき,表 3.6 (c_1) に処置の割付けがランダムである場合を示し,表 3.6 (c_2) に処置の割付けが潜在的な結果 $\{Y_i(1), Y_i(0)\}$ に依存する場合を示す.なお,実際は割付けがランダムであっても個体数が少ない場合は偶然的な変動で多少のインバランスが生じるが,個体数が多い場合には(たとえば表 3.6 は 10 人ではなく 10 万人であるとすればよい),平均的には処置の割付け結果のインバランスは大きな問題とならない.処置の割付けがランダムな表 3.6 (c_1) では,$E[Y|Z=1]-E[Y|Z=0]=0.6-0.4=0.2$ と,表 3.2 (c) の平均処置効果 $E[Y(1)]-E[Y(0)]=0.6-0.4=0.2$ が偏りなく推定できている.それに対し表 3.6 (c_2) では,$Y(1)=1$ となる個体に $Z=1$ となる割合が多いため,$E[Y|Z=1]-E[Y|Z=0]=0.8-0.2=0.6$ と τ を過大評価している.処置を個体自らが選択する自己選択の場合は,効果があると自分が思う個体ほど処置を選択する確率が高い,という経済学の理論に整合しているが,これが処置の効果といえるかどうかは議論の余地がある.

表 3.6　処置の割付けと平均処置効果

(c_1)　$\{Y(1), Y(0)\} \perp Z$

ID	潜在的結果 Y(1)	Y(0)	効果 τ	処置 Z	処置別 Y|Z=1	Y|Z=0
1	1	1	0	1	1	
2	1	1	0	0		1
3	1	0	1	1	1	
4	1	0	1	0		0
5	1	0	1	1	1	
6	1	0	1	0		0
7	0	1	-1	1	0	
8	0	1	-1	0		1
9	0	0	0	1	0	
10	0	0	0	0		0
平均	0.6	0.4	0.2	0.5	0.6	0.4

(c_2)　$\{Y(1), Y(0)\} \perp Z$ でない

ID	潜在的結果 Y(1)	Y(0)	効果 τ	処置 Z	処置別 Y|Z=1	Y|Z=0
1	1	1	0	1	1	
2	1	1	0	1	1	
3	1	0	1	1	1	
4	1	0	1	1	1	
5	1	0	1	0		0
6	1	0	1	0		0
7	0	1	-1	1	0	
8	0	1	-1	0		1
9	0	0	0	0		0
10	0	0	0	0		0
平均	0.6	0.4	0.2	0.5	0.8	0.2

次に,(3.6) で定義される処置群での平均処置効果 ATT および (3.7) で定義される対照群での平均処置効果 ATC の推定を考える.もし,$Y(0) \perp Z$ で,

$E[Y(0)|Z=1] = E[Y(0)|Z=0]$ が成り立つ, すなわち処置群と対照群とで処置を受けないときの潜在的な結果の期待値が等しければ,

$$\tau_T = E[Y(1)-Y(0)|Z=1] = E[Y(1)|Z=1] - E[Y(0)|Z=1]$$
$$= E[Y(1)|Z=1] - E[Y(0)|Z=0] = E[Y|Z=1] - E[Y|Z=0]$$

と,ATT は観測可能量での平均で推定が可能(識別可能)となる.他方,$Y(1) \perp Z$ であり,$E[Y(1)|Z=1] = E[Y(1)|Z=0]$ が成り立つ,すなわち処置を受ける人と受けない人とで処置を受けたときの潜在的な結果の期待値が等しければ,

$$\tau_C = E[Y(1)-Y(0)|Z=0] = E[Y(1)|Z=0] - E[Y(0)|Z=0]$$
$$= E[Y(1)|Z=1] - E[Y(0)|Z=0] = E[Y|Z=1] - E[Y|Z=0]$$

が成り立ち,ATC は推定可能となる.しかし,$Y(0) \perp Z$ も $Y(1) \perp Z$ も反事実を含んでいるため,それらの条件の妥当性が問われなければならない.$Y(0) \perp Z$ のほうが実際には成立しているとみなせる場面が多く,その場合は処置群での処置効果 ATT の推定が可能となる.

例3.5 **ATT と ATC の推定,例 3.3 の続き** 表 3.7(a)は $Y(0) \perp Z$ が成り立つ場合($E[Y(0)|Z=1] = E[Y(0)|Z=0] = 2/5$)で,このとき ATT = $4/5 - 2/5 = 0.4$ であるが,これは $E[Y|Z=1] - E[Y|Z=0] = 0.8 - 0.4 = 0.4$ と正しく推定されている.しかし,ATC = $2/5 - 2/5 = 0$ は正しく推定されない.一方,表 3.7(b)は $Y(1) \perp Z$ が成り立つ場合($E[Y(1)|Z=1] = E[Y(1)|Z=0]$

表3.7 処置の割付けと ATT,ATC の推定

(a) $Y(0) \perp Z$

ID	潜在的結果 $Y(1)$	潜在的結果 $Y(0)$	効果 τ	処置 Z	処置別 $Y\|Z=1$	処置別 $Y\|Z=0$
1	1	1	0	1	1	
2	1	1	0	1	1	
3	1	0	1	1	1	
4	1	0	1	1	1	
5	1	0	1	0		0
6	1	0	1	0		0
7	0	1	−1	0		1
8	0	1	−1	0		1
9	0	0	0	1	0	
10	0	0	0	0		0
平均	0.6	0.4	0.2	0.5	0.8	0.4

(b) $Y(1) \perp Z$

ID	潜在的結果 $Y(1)$	潜在的結果 $Y(0)$	効果 τ	処置 Z	処置別 $Y\|Z=1$	処置別 $Y\|Z=0$
1	1	1	0	1	1	
2	1	1	0	1	1	
3	1	0	1	1	1	
4	1	0	1	0		0
5	1	0	1	0		0
6	1	0	1	0		0
7	0	1	−1	1	0	
8	0	1	−1	0		1
9	0	0	0	1	0	
10	0	0	0	0		0
平均	0.6	0.4	0.2	0.5	0.6	0.2

= 3/5)．このとき ATC = 3/5 − 1/5 = 0.4 であるが，これは $E[Y|Z=1] - E[Y|Z=0] = 0.6 − 0.2 = 0.4$ と正しく推定されている．しかし，ATT = 3/5 − 3/5 = 0 は正しく推定されない．

3.4 共変量と条件付き独立

　実験研究では，処置効果の推定精度向上のため，局所管理としてブロックごとでのランダム化が行われる（1.4 節参照）．因果推論の枠組みでも，単純なランダム割付け（独立性（3.15）が成り立つための条件）ではなく，共変量に依存した割付けが考えられる．すなわち，共変量の集合 X が与えられた下での条件付きランダム化である．これは，処置のランダム割付けが望めない観察研究では，特に重要な概念である．

3.4.1 条件付き独立性と識別可能条件

　共変量 X が与えられたとき，潜在的な結果 $\{Y(1), Y(0)\}$ に割付け Z が依存しないことを，X が与えられたという条件の下で $\{Y(1), Y(0)\}$ と Z は条件付き独立（conditionally independent）であるといい，記号で

$$\{Y(1), Y(0)\} \perp Z \mid X \tag{3.20}$$

と書く．(3.20) の条件は，観測される共変量 X のみが処置の割付けに影響を与える交絡因子であり，X のほかに割付け Z に影響を与えるような観測されない交絡要因はないことを意味している．2.3 節および 2.4 節で，観測される共変量 X のみが割付け Z に影響を与える場合には，処置効果が偏りなく推定できることを述べたが，(3.20) はそれを意味する重要な条件である．またこの条件は，無交絡性（unconfoundedness）(Imbens (2004), Rubin (2004) を参照），あるいは，条件付き交換可能性（conditional exchangeability）(Hernán and Robins, 2015) とも呼ばれる．(3.20) は，交絡因子はすべて観測される X で尽くされていることを表している．ただし，統計モデルがすべてそうであるように，X 以外に交絡因子がまったくないという意味ではなく，モデルに取り入れなければならないような影響をもつ因子はなく，それ以外の細かな要因は

また，潜在的な結果 $\{Y(1), Y(0)\}$ が実際に比較可能であるためには，(3.10) と同じく，条件付き正値性（conditional positivity）

$$0 < P(Z=1 \mid X) < 1 \tag{3.21}$$

の条件が必要となる．すなわち，共変量 X が与えられた下で，処置あるいは対照に割付けられる確率は 0 でなく，どちらにも割付けられる可能性があることを要求している．(3.21) の条件は (3.10) とは異なり，すべての X の値に対して成り立つ必要があることから，かなり強い条件であるといえる．

これら 2 条件 (3.20) と (3.21) は，因果効果の推定では基本的な条件であり，Rosenbaum and Rubin (1983a) はこれを強い意味での無視可能な割付け (strongly ignorable treatment assignment) と命名した．Rosenbaum and Rubin (1983a) がこれらの条件を「強い意味での」といった理由は，強い意味でない無視可能な割付け (ignorable assignment) を，Y_{obs} を観測（observe）された値，Y_{mis} を観測されず欠測（missing）となった値としたとき，すべての Y_{mis} に対し，

$$\{Y(1), Y(0)\} \perp Z \mid X, Y_{\text{obs}} \tag{3.22}$$

と定義していたからである．すなわち，割付け Z は共変量 X と観測された変数 Y_{obs} にのみ依存するという条件である（Rubin (1978)，Little and Rubin (2000) を参照）．これはたとえば，新薬開発の臨床試験で，被験者への薬剤の割付けが逐次的に行われ，それまでに割付けられた他の被験者の人数によって当該被験者への割付けが定まるような場合（両群での人数の偏りを最小にするという意味で最小化法と呼ばれる），あるいは，時間を追ってデータが観測される繰り返し測定ないし経時測定データにおいて，それまでの過去の履歴によって薬剤の割付けが定まるような場合を想定している．(3.20) は，Y_{obs} が何であろうと成り立つことの要請であるので，(3.22) よりも強い条件となっている．

一般に，事象 A, B, C に対して，$A \perp B \mid C$ であれば $P(A \mid B, C) = P(A \mid C)$ であるので，条件付き独立性 (3.20) および正値性 (3.21) が成り立つとき，

$$E[Y \mid Z=1, X] = E[Y(1) \mid Z=1, X] = E[Y(1) \mid X] \tag{3.23a}$$

および

$$E[Y \mid Z=0, X] = E[Y(0) \mid Z=0, X] = E[Y(0) \mid X] \tag{3.23b}$$

が成り立つ．これらはいずれも，一般にすべてが観測されるとは限らない潜在的な結果 $Y(z)$ の条件付き期待値が観測可能量 Y の条件付き期待値と等しくなるという条件であり，これらを X の分布で期待値をとることにより

$$E_X[E[Y\mid Z=1,X]] = E_X[E[Y(1)\mid X]] = E[Y(1)] = \tau_1 \quad (3.24\text{a})$$

および

$$E_X[E[Y\mid Z=0,X]] = E_X[E[Y(0)\mid X]] = E[Y(0)] = \tau_0 \quad (3.24\text{b})$$

を得る．これより，平均処置効果は

$$\tau = \tau_1 - \tau_0 = E_X[E[Y\mid Z=1,X]] - E_X[E[Y\mid Z=0,X]] \quad (3.25)$$

と観測可能量によって推定可能となる．すなわち，(3.20) の条件付き独立性と (3.21) の条件付き正値性が平均処置効果 τ の識別可能条件となる．これらの条件を満足するとき，共変量 X が与えられれば，観察研究は実験研究と同じような枠組みでの統計的推測が可能となる（次の 3.5 節参照）．

例 3.6 条件付き独立性 簡単のため共変量 X は 1 つのみで，それは性別のような 2 値 (0, 1) であるとする．条件付き独立性 (3.20) の下では，$x = 0, 1$ に対し

$$E[\{Y(1), Y(0)\} \mid Z=1, X=x] = E[\{Y(1), Y(0)\} \mid Z=0, X=x]$$

である．表 3.8，表 3.9，図 3.1 の数値例を使って話を進める（Hernán and Robbins, 2015）．表 3.8（図 3.1）では，

$$E[Y(0)\mid Z=1] = 7/13 \neq E[Y(0)\mid Z=0] = 3/7$$
$$E[Y(1)\mid Z=1] = 7/13 \neq E[Y(1)\mid Z=0] = 3/7$$

であるので，$\{Y(1), Y(0)\}$ と Z とは独立ではなく，割付けはランダムではない．一方，X の値が与えられたという条件の下では，$P(Z=1\mid X=1) = 0.75$ および $P(Z=1\mid X=0) = 0.5$ と，割付け比率は異なるがランダムに割付けられている．実際，

$$E[Y(0)\mid Z=1, X=1] = 6/9 = E[Y(0)\mid Z=0, X=1] = 2/3$$
$$E[Y(0)\mid Z=1, X=0] = 1/4 = E[Y(0)\mid Z=0, X=0] = 1/4$$

などとなっている．すなわち，表 3.8 の数値例は，X で条件を付けたときの条件付きにランダムな割付けとなっているのである．

処置の割付けが共変量 X の条件付きでランダムであれば，平均処置効果 τ は，

共変量 X が与えられたとき，与えられた条件ごとに条件付き平均処置効果を求め，それを全体で統合するなどの方法により，推定が可能となる．

表 3.8 条件付き独立の数値例

ID	$Y(1)$	$Y(0)$	τ	X	Z	Y
1	1	1	0	1	1	1
2	1	1	0	1	1	1
3	1	1	0	1	1	1
4	1	1	0	1	0	1
5	1	0	1	1	1	1
6	1	0	1	1	1	1
7	1	0	1	1	1	1
8	1	0	1	1	0	0
9	0	1	−1	1	1	0
10	0	1	−1	1	1	0
11	0	1	−1	1	1	0
12	0	1	−1	1	0	1
13	1	0	1	0	1	1
14	1	0	1	0	0	0
15	0	1	−1	0	1	0
16	0	1	−1	0	0	1
17	0	0	0	0	1	0
18	0	0	0	0	1	0
19	0	0	0	0	0	0
20	0	0	0	0	0	0
平均	0.5	0.5	0	0.6	0.65	0.5

表 3.9 表 3.8 の集計

		比率	$Y(1)$	$Y(0)$	Y
	$Z=1$	13/20	7/13	7/13	7/13 = 0.538
	$Z=0$	7/20	3/7	3/7	3/7 = 0.428

		比率	$Y(1)$	$Y(0)$	Y
$X=1$	$Z=1$	9/12	6/9	6/9	6/9 = 0.667
(12/20)	$Z=0$	3/12	2/3	2/3	2/3 = 0.667
$X=0$	$Z=1$	4/8	1/4	1/4	1/4 = 0.25
(8/20)	$Z=0$	4/8	1/4	1/4	1/4 = 0.25

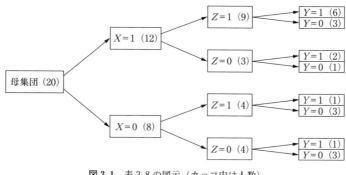

図 3.1 表 3.8 の図示（カッコ内は人数）

平均処置効果の識別性が成り立つとしても，その下での妥当な推定法を知らなくてはならない．1.6 節の例 1.5 のシンプソンのパラドクスでの表 1.2 (a) では，条件付きの分割表では処置効果がみられるが，それを単に併合してしまうと効果が消えてしまうことをみた．すなわち，適切な解析法を適用しないと誤った結果を導く危険性がある．以下では，例 3.6 の数値例を用いて，平均処置効果を推定する代表的な 2 つの方法（標準化法および逆確率重み付け法）を示す．

3.4.2 標準化法

推定の対象は $E[Y(1)]$ すなわちすべての個体が処置を受けたときの結果，および $E[Y(0)]$ すなわちすべての個体が処置を受けなかったときの結果であり，それらの差が平均処置効果となる．以下の計算では，共変量 X のとりうる値は必ずしも 2 値とは限らず x とするほかは前節までの記法を踏襲し，実際の計算は例 3.6 の数値を用いる．表 3.8 の最後の行に示したとおり，$E[Y(1)] = E[Y(0)] = 0.5$ で，これらが偏りなく推定されることを示す．

条件付き確率の公式より

$$E[Y(z)] = \sum_x E[Y(z) \mid X = x] P(X = x) \quad (z = 1, 0) \tag{3.26}$$

であるが，条件付き独立性（3.20）より，(3.26) は

$$E[Y(z)] = \sum_{x} E[Y|Z=z, X=x] P(X=x) \quad (z=1, 0) \tag{3.27}$$

によって計算される((3.23a, b)の導出を参照).(3.27)の右辺は観測可能である点に注意する.この計算法を標準化法(standardization)という.この方法は,まずXの値で層別し,層ごとに処置効果を推定した上で,各層の確率を重みとしてかけて加えた加重平均となっている.この表現ではXで層別した後の処置への割付け確率$P(Z=1|X=x)$は,式の中で陽には出てこない.表3.8の数値例では,$E[Y|Z, X] = P(Y=1|Z, X)$に注意すると,(3.27)は具体的に

$$E[Y(1)] = E[Y|Z=1, X=1]P(X=1) + E[Y|Z=1, X=0]P(X=0)$$
$$= \frac{6}{9} \times \frac{12}{20} + \frac{1}{4} \times \frac{8}{20} = \frac{4}{10} + \frac{1}{10} = \frac{5}{10} = 0.5$$
$$E[Y(0)] = E[Y|Z=0, X=1]P(X=1) + E[Y|Z=0, X=0]P(X=0)$$
$$= \frac{2}{3} \times \frac{12}{20} + \frac{1}{4} \times \frac{8}{20} = \frac{4}{10} + \frac{1}{10} = \frac{5}{10} = 0.5$$

と計算され,確かに偏りなく推定されることが示される.標準化法については6.1節で再度議論する.

3.4.3 逆確率重み付け法

共変量Xの値xごとに,処置への割付け確率が$P(Z=1|X=x)$であるとき,$X=x$である個体すべてに処置を割付けたとするためには,割付けられた個体それぞれを$1/P(Z=1|X=x)$倍すればよい.同様に,それら個体すべてに処置を割付けなかったとするためには各個体を$1/P(Z=0|X=x)$倍すればよい.このような割付け確率の逆数の重み付けによって処置効果を推定する方法を,逆確率重み付け(inverse probability weighting:IPW)法という.式で表現すると

$$E[Y|Z=z] = P(Y=1|Z=z) = \sum_{x} \frac{P(Y=1, Z=z, X=x)}{P(Z=z|X=x)} \quad (z=1, 0) \tag{3.28}$$

である.

計算の詳細を表3.8の数値で確かめる.各Xでの割付け率は
$$P(Z=0|X=1) = 1/4, \quad P(Z=1|X=1) = 3/4,$$

$$P(Z=0 \mid X=0) = 1/2, \ P(Z=1 \mid X=0) = 1/2$$

である．全体の 20 人中で $X=1$ であった 12 人のうち $Z=1$ と割付けられたのは 9 人であり，そのうちの 6 名が $Y=1$ となった（比率 2/3）．12 人全員が $Z=1$ となるためにはこの 9 人を $1/P(Z=1 \mid X=1) = 1/(3/4) = 4/3$ 倍すればよく，そうするとその仮想的な $9 \times (4/3) = 12$ 人中 $6 \times (4/3) = 8$ 人が $Y=1$ となると期待される．また，$X=0$ であった 8 人のうち 4 人が $Z=1$ と割付けられ，そのうちの 1 名が $Y=1$ であった．$X=0$ となった 8 人全員が $Z=1$ であるとするためにはこの 4 人を $1/P(Z=1 \mid X=0) = 1/(1/2) = 2$ 倍すればよく，そうすると $Y=1$ となるのは $1 \times 2 = 2$ 人と期待される．結局，$12+8=20$ 人中で $Y=1$ となるであろう人数は $8+2=10$ 人であり，$P(Y=1 \mid Z=1) = 10/20 = 0.5$ と推定される．同様の計算により $P(Y=1 \mid Z=0) = 0.5$ も得られる．

この方法は標準化法と数学的に同等である．違いは，どの条件付き確率を計算に用いるかである．同等性の証明は，(3.27) と (3.28) の比較において，$z=1, 0$ および $x=1, 0$ に対し，以下の等式が成り立つことから示される．

$$\begin{aligned}
& P(Y=1, Z=z, X=x) \times \frac{1}{P(Z=z \mid X=x)} \\
&= P(Y=1, Z=z, X=x) \times \frac{P(X=x)}{P(Z=z, X=x)} \\
&= P(Y=1 \mid Z=z, X=x) P(X=x, Z=z) \times \frac{P(X=x)}{P(Z=z, X=x)} \\
&= P(Y=1 \mid Z=z, X=x) \times P(X=x)
\end{aligned}$$

逆確率重み付け法については第 7 章で再度議論する．

3.5 観察研究における因果推論のまとめ

実験研究では，各個体への処置のランダム割付けが可能であり，それに基づき処置効果の偏りのない推定がなされる．それに対し観察研究では，個体への処置の割付けが研究者のコントロール下になく，各個体がそれぞれの意思で自らの受ける処置を決めるため，単なる観測値そのものからの処置効果の偏りのない推定は難しく，多くの場合，単純な推定値は偏りをもつ．そのため，観察研究に基づく因果関係の確立は容易でなく，いくつかの点を注意深く吟味しな

くてはならない．考慮すべき点は，本章の最初に述べた（ⅰ）推定対象の同定，（ⅱ）識別性の評価，（ⅲ）具体的な推定法の適用の3つである．

推定対象としては，(3.2) で定義される母集団全体での平均処置効果(PATE) τ であるのか，あるいは，処置を受けた個体の処置効果 ATT をはじめとする，母集団の何らかの部分集合 A における平均処置効果 τ_A であるのかを明確に認識しなくてはならない．それによって識別条件が異なってくる．推定対象が母集団全体での平均処置効果の場合は，識別条件は 3.4 節で定義した条件付き独立性 (3.20) と条件付き正値性 (3.21) である．

観察研究からの処置効果の偏りのない推定値を得るためには，観察研究をゴールドスタンダードである実験研究になるべく近づけるという視点が重要である．観察研究の最大の問題点は，処置群と対照群との間の共変量のインバランスである．処置のランダム割付けに基づく実験研究では，すべての共変量の分布が，ランダム割付けに伴う偶然的な変動を除いて，両群で同じになるという保証がある．したがって観察研究を実験研究に近づけるためには，両群間での共変量の分布をなるべく同じにして比較可能性を担保する必要がある．そのためにクリアすべき条件が上述の条件付き独立性 (3.20) と条件付き正値性 (3.21) である．

観察研究におけるデータ解析では，仮にデータがすべて得られた後であるにしても，データ取得の計画段階と得られたデータの解析段階の 2 つを切り分けて考えるのがよい．実験研究では，実験の計画を立ててからデータをとり，その後にデータを解析するのであるから，データの準備段階とその解析段階はおのずと分離されている．観察研究でもそれを模すべきである．実験研究では，単純ランダム化法，乱塊法，一対比較法など，実験目的と実験環境に即した実験計画法が工夫され，得られたデータの解析法はそれらの計画ごとに異なるものとなっている．観察研究においても，それを近づける相手の実験研究と同じ解析法を選択する必要がある．

実験研究の計画段階ではランダム化が可能なため，この段階では処置群と対照群間での共変量のインバランスを考慮する必要はない．しかし観察研究では，両群間での共変量のインバランスが存在しうるというよりそれは不可避的に存在する．したがって，実験研究の計画段階を模して処置群と対照群とで共変量

の分布を揃える手段が必要となる．そのための方法としては，マッチングと層化（小分類化）がある．そして解析段階での共変量の偏りを是正するための代表的な手法が，実験研究でも用いられる回帰による調整（regression adjustment）である（2.3 節の共分散分析および 2.4 節のロジスティック回帰を参照）．逆確率重み付け法は，計画段階と解析段階の両方で用いられる．また，複数の手法を組み合わせて用いることにより，さらに妥当でかつ効率のよい推定が可能となる．

　ところで，マッチングにしても層化にしても，調整すべき共変量の数が多いと実行は容易ではない．そのために工夫された手法が第 4 章で詳しく述べる傾向スコア法である．以降，マッチングは第 5 章で，層化は第 6 章で扱う．逆確率重み付け法は第 7 章で議論する．第 8 章では，計量経済学で発展された手法である操作変数法の因果推論への応用を扱い，第 9 章ではケース・コントロール研究を議論する．最後の第 10 章ではデータの欠測に対する対処法に触れる．

Chapter 4

傾 向 ス コ ア

観察研究における因果推論では,観察研究を実験研究になるべく近づけるために,処置群と対照群での共変量のインバランスをなくして比較可能性を高める必要がある.特に共変量の個数が多い場合への対処法として有力な手法が傾向スコア法である.本章では傾向スコアの定義と性質およびその利用法について述べる.

4.1 定義と性質

処置の割付けを表すダミー変数を Z（1：処置,0：対照）とし,観測された共変量の集合を X とする.処置群と対照群との比較可能性の担保のため,たとえば両群間での個体をマッチングさせようとした場合,共変量（マッチング変数）X の個数が多いとマッチングは容易ではない.このとき,以下で定義される 1 変量の傾向スコアが威力を発揮する.

定義 4.1 傾向スコア 処置の割付けを表すダミー変数 Z および観測された共変量の集合 X に対し,X が与えられたときに個体が処置に割付けられる確率

$$e(X) = P(Z=1 \mid X) \quad (4.1)$$

を傾向スコア（propensity score）という.

傾向スコアは Rosenbaum and Rubin (1983a) によって導入され,近年その応用が多分野に広がっている.傾向スコア $e(X)$ は,共変量 X のもつ処置の割付けに関する情報をすべて集約したものとみなすことができる.実験研究における単純ランダム割付けで,処置群と対照群に $c : 1-c$ の割合で個体を割付け

る場合には，傾向スコアは，すべての共変量Xに対して$e(X)=c$と，共変量とは独立に定数となる．3.4節の例3.6の数値例では共変量Xは1つであり，表3.9により$e(X=1)=P(Z=1|X=1)=9/12=0.75$，$e(X=0)=P(Z=1|X=0)=4/8=0.5$である．

傾向スコアの利用では，共変量Xが3.4節で述べた平均処置効果の識別可能条件を満たすかどうかが鍵となる．重要な条件であるので次に再掲する．

条件4.1 平均処置効果の識別可能条件

(a) 条件付き独立性（無交絡性）：観測された共変量X以外に割付けZに影響を与える変数はなく，潜在的な結果$\{Y(1), Y(0)\}$と割付けZは条件付き独立となる．すなわち

$$\{Y(1), Y(0)\} \perp Z | X \tag{4.2}$$

が成り立つ．

(b) 条件付き正値性：与えられた共変量Xの下で，処置に割付けられる確率は0より大きく1未満，すなわち

$$0 < e(X) < 1 \tag{4.3}$$

である．

条件4.1を満たせば，処置の割付けに関しては観測された共変量Xのみを考えればよいことになり，観察研究の抱える処置群と対照群間の共変量のインバランスの調整が可能となる．条件4.1より処置の割付けに関する情報はすべてXがもち，かつ定義4.1により，Xのもつ割付けに関する情報はすべて$e(X)$に集約されるのであるから，条件4.1の下で両群間における処置の割付けに関する情報は傾向スコア$e(X)$がすべて担うことになる．特にXの次元が大きい場合には，その情報が1次元の$e(X)$に集約されるため，実際のデータ解析上きわめて有用である．実際，次の2つの定理が成り立つ（Rosenbaum and Rubin, 1983a）．証明は節の終わりに与える．

定理4.1 条件付き独立性
傾向スコア$e(X)$が与えられたとき，潜在的な結果$\{Y(1), Y(0)\}$と割付け変数Zは条件付き独立となる．すなわち

$$\{Y(1), Y(0)\} \perp Z | e(X) \tag{4.4}$$

が成り立つ.

定理 4.2 バランシング 同じ傾向スコア $e(X)$ の値に対応した個体の共変量の分布は処置群と対照群で等しい(バランスする).すなわち $e(X)$ の条件付きで X と Z は条件付き独立
$$X \perp Z \mid e(X) \tag{4.5}$$
である.

より一般に,X の関数 $b(X)$ で $X \perp Z \mid b(X)$ を満足するものをバランシングスコア (balancing score) と呼ぶ (Rosenbaum and Rubin, 1983a).傾向スコア $e(X)$ はバランシングスコアの中で最も粗いものである.すなわち,$b(X)$ をあるバランシングスコアとすると,ある関数 f によって $e(X)=f(b(X))$ と表される.

定理 4.1 より,傾向スコア $e(X)$ の値が与えられれば,その条件付きで処置の割付けはランダムとみなすことができ,$e(X)$ の条件付きでの平均処置効果の推定が
$$\begin{aligned} & E[Y(1) - Y(0) \mid e(X)] \\ = & E[Y(1) \mid e(X)] - E[Y(0) \mid e(X)] \\ = & E[Y(1) \mid Z=1, e(X)] - E[Y(0) \mid Z=0, e(X)] \\ = & E[Y \mid Z=1, e(X)] - E[Y \mid Z=0, e(X)] \end{aligned} \tag{4.6}$$
により可能となる.ここで (4.6) の 4 行目は観測される値の期待値であることに注意する.したがって,母集団全体の平均処置効果 τ の推定は,(4.6) で与えられる条件付きの処置効果を傾向スコア $e(X)$ の分布で期待値をとり,
$$\tau = E[Y(1) - Y(0)] = E_{e(X)}[E[Y \mid Z=1, e(X)] - E[Y \mid Z=0, e(X)]]$$
により得ることができる.

定理 4.2 より,同じ $e(X)$ をもつ個体においては,それらの観測された共変量 X の分布は,理論上ではあるが両群で等しくなることが保証される.すなわち,処置の割付けに関する情報をすべて $e(X)$ がもっているため,$e(X)$ で条件を付ければ,$e(X)$ 以外の共変量 X の条件付き分布は群間で等しくなることを意味している.これは,統計的推測において,確率分布のパラメータに関する情報を十分統計量がすべて担っているときに,十分統計量で条件を付けた残り

の変数の条件付き分布はパラメータに依存しないことに対応している．すなわち，傾向スコアごとの処置効果の評価では，共変量の分布は両群間で等しくなり，群間の比較可能性を確保することができる．これらの実際の適用法は後の節で示す．

傾向スコアが未知のとき，推定された傾向スコアは未知の真の傾向スコアよりも共変量 X をよりよくバランスさせ，共変量に由来する処置効果の推定の偏りをより小さくさせる，という一見パラドキシカルな性質も成り立つ（Joffe and Rosenbaum (1999), Rosenbaum (1987) を参照）．推定された傾向スコアは，実験研究における共変量の調整と同じく，ランダム割付けに伴う偶然的な処置間の偏りをも調整するからである．

ただし上記の性質はすべて，あくまでも条件 4.1 の下での話であって，X 以外に観測されない共変量 U が存在し，それが割付け Z および潜在的結果 $\{Y(1), Y(0)\}$ に影響を与える場合にはその限りではない．実験研究における無作為割付けは，観測される共変量 X に加え，観測されない共変量 U の分布をもバランスさせるのに対し，傾向スコアによって観測された共変量 X のバランスはとれても，観測されない共変量 U のバランスまでは保証していないのである．

例 4.1 **群間差と傾向スコア** ある奨学金に採用されるかが，応募者に課せられた 3 つの課題 $X = (X_1, X_2, X_3)$ の得点で決まるという状況を考える．奨学金への採用の可否を表すダミー変数を Z（1：採用，0：不採用）とし，課題 X_1, X_2, X_3 はそれぞれ値 2, 1, 0 をとるものとする（優，良，可に相当）．課題の得点の和を $T = X_1 + X_2 + X_3$ としたとき，採用の可否は $e(X) = P(Z=1 \mid X) = (T+1)/8$ の確率で決まるとする（合計点 T が大きいほど奨学金に採用されやすい）．この $e(X)$ が母集団での真の傾向スコアとなる．$P(X_j = x) = 1/3$ ($x = 0, 1, 2$; $j = 1, 2, 3$) とし，各 X_i は互いに独立とすると，X の各パターンと採用率 $e(X)$ は表 4.1 のようである．このとき，ID i のパターン X_i の採用率は $p_1(X_i) = e(X_i)$ であり，不採用率は $p_0(X_i) = 1 - p_1(X_i) = 1 - e(X_i)$ であることになる．各パターンの集計および図は表 4.2，図 4.1 のようになる．合計点 T の値が大きいほど $Z=1$ となる確率が高いことから，採用群・不採用群での傾向スコア $e(X)$ の分布は異なる．しかし，傾向スコアが同じである個体のみを抜き出せば，そ

れらの共変量の分布は共通で同じとなり,各群への割当て比率が $e(X):1-e(X)$ となるだけである.

たとえば $T=2$ では,$e(X)=P(Z=1|T=2)=3/8=0.375$ であり,3つの課題の合計点が $T=2$ となった応募者の奨学金への採用確率は 0.375 である.$T=2$ となるのは表 4.1 の ID5～ID10 の 6 通りであり,各パターンの生起確率はすべて等しいことから,$j=1,2,3$ に対し $T=2$ の条件の下での X_j の条件付き確率はそれぞれ $P(X_j=0|T=2)=3/6$,$P(X_j=1|T=2)=2/6$,$P(X_j=2|T=2)=1/6$ となる.採用群,不採用群のいずれにおいても,$T=2$ となった個体のみを抜き出せば,それらの X_1,X_2,X_3 の条件付き分布は,両群で上記と同じものとな

表4.1 各パターンと $e(X)$

ID	X_1	X_2	X_3	T	$e(X)$
1	0	0	0	0	0.125
2	1	0	0	1	0.250
3	0	1	0	1	0.250
4	0	0	1	1	0.250
5	2	0	0	2	0.375
6	1	1	0	2	0.375
7	1	0	1	2	0.375
8	0	2	0	2	0.375
9	0	1	1	2	0.375
10	0	0	2	2	0.375
11	2	1	0	3	0.500
12	2	0	1	3	0.500
13	1	2	0	3	0.500
14	1	1	1	3	0.500
15	1	0	2	3	0.500
16	0	2	1	3	0.500
17	0	1	2	3	0.500
18	2	2	0	4	0.625
19	2	1	1	4	0.625
20	2	0	2	4	0.625
21	1	2	1	4	0.625
22	1	1	2	4	0.625
23	0	2	2	4	0.625
24	2	2	1	5	0.750
25	2	1	2	5	0.750
26	1	2	2	5	0.750
27	2	2	2	6	0.875

表4.2 合計と各群の確率

$e(X)$	採用群	不採用群
0.125	0.009	0.065
0.250	0.056	0.167
0.375	0.167	0.278
0.500	0.259	0.259
0.625	0.278	0.167
0.750	0.167	0.056
0.875	0.065	0.009
計	1	1

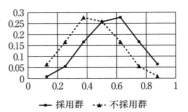

図4.1 各群での傾向スコアの分布

る．ただし同じ $T=2$ であっても，採用群では ID5 の $(2, 0, 0)$ で，不採用群では ID9 の $(0, 1, 1)$ であるかもしれず，個体間同士でみると両群での X の実際の値はかなり異なる可能性はある．

両群での傾向スコア $e(X)$ の値が同じである個体間の比較では，群間でそれらの分布が等しいことは保証されるが，各個体同士が個体間の距離の意味で近いことは保証されない．たとえば，上記の $T=2$ の場合には，X_1, X_2, X_3 の条件付き分布での各 X_j 同士の相関係数はすべて -0.5 であり，むしろ個体同士の類似性は低くなっているとも解釈できる．

以下に，上述の2つの定理を定理 4.2，定理 4.1 の順に証明する（たとえば，Rosenbaum and Rubin（1983a, 1984）を参照）．

定理 4.2 の証明 条件付き独立性 $X \perp Z \mid e(X)$ は
$$P(X, Z=1 \mid e(X)) = P(X \mid e(X))P(Z=1 \mid e(X))$$
と書けるので，これを示す．一般に，
$$P(X, Z=1 \mid e(X)) = P(X \mid e(X))P(Z=1 \mid X, e(X))$$
であるが，$e(X)$ は X の関数であるので，$P(Z=1 \mid X, e(X)) = P(Z=1 \mid X)$ である．よって，$P(Z=1 \mid e(X)) = P(Z=1 \mid X)$ を示せばよい．定義より $P(Z=1 \mid X) = e(X)$ である．$P(Z=1 \mid e(X)) = E_Z[Z \mid e(X)] = E_Z[E_X[Z \mid X] \mid e(X)] = E_X[P(Z=1 \mid X) \mid e(X)] = E_X[e(X) \mid e(X)] = e(X)$ となる．（証明終）

定理 4.1 の証明 条件付き独立性 $\{Y(1), Y(0)\} \perp Z \mid e(X)$ をいうためには
$$P(Z=1 \mid \{Y(1), Y(0)\}, e(X)) = P(Z=1 \mid e(X))$$
を示せばよい．定理 4.2 の証明より $P(Z=1 \mid e(X)) = e(X)$ であるので，
$$P(Z=1 \mid \{Y(1), Y(0)\}, e(X)) = e(X)$$
をいえばよい．いま，
$$P(Z=1 \mid \{Y(1), Y(0)\}, e(X))$$
$$= E[P(Z=1 \mid \{Y(1), Y(0)\}, X) \mid \{Y(1), Y(0)\}, e(X))]$$
であるが，(4.2) より $P(Z=1 \mid \{Y(1), Y(0)\}, X) = P(Z=1 \mid X) = e(X)$ であるので，$E[e(X) \mid \{Y(1), Y(0)\}, e(X)) = e(X)$ となる．（証明終）

4.2 傾向スコアと判別スコア

傾向スコアの議論は判別分析と深いかかわりがある．判別分析では，2つの群 G_1 もしくは G_0 への帰属が既知の個体に関する m 変量データ $\boldsymbol{x}=(x_1,...,x_m)^T$ を基に判別ルール $d(\boldsymbol{x})$ をつくり，群への帰属が未知のデータ $\boldsymbol{x}^*$ が得られたとき，それがいずれの群に属するかを $d(\boldsymbol{x}^*)$ の値によって判断する．そのときの関数 $d(\boldsymbol{x})$ を判別関数といい，その値を判別スコア（discriminant score）という．G_1 および G_0 における変量を表す確率変数ベクトル $\boldsymbol{X}$ の確率密度関数をそれぞれ $f_1(\boldsymbol{x})$，$f_0(\boldsymbol{x})$ とし，各群への帰属確率を $q_1=P(G_1)$，$q_0=P(G_0)$ とすると，$\boldsymbol{x}$ が与えられたときの判別関数は

$$d(\boldsymbol{x})=\frac{q_1}{q_0}\frac{f_1(\boldsymbol{x})}{f_0(\boldsymbol{x})} \tag{4.7}$$

で与えられる．特に，確率分布が分散共分散行列 Σ が共通で平均値ベクトルのみ異なる多変量正規分布 $N_m(\boldsymbol{\mu}_1,\Sigma)$，$N_m(\boldsymbol{\mu}_0,\Sigma)$ のときは

$$\log d(\boldsymbol{x})=d_0+d_1x_1+\cdots+d_mx_m \tag{4.8}$$

と $\boldsymbol{x}=(x_1,...,x_m)^T$ の線形関数となる．

判別分析では，考えている m 次元空間においては，両群間の違いに関する情報はすべて判別関数が担っている（もしそうでないとすると判別関数そのものに改善の余地があることになり，判別関数は両群の差異の情報をすべてもつようにしたものと考える）．したがって，判別関数の値（判別スコア）が同じ $d(\boldsymbol{X})=d$ である個体の $\boldsymbol{X}$ の条件付き分布は両群で同じとなる（群の違いの情報をもたないため）．

傾向スコアは母集団分布に依存しないという意味で，判別スコアの本質的な拡張である．特に，上述の分散共分散行列が等しい多変量正規分布の場合は，傾向スコア $e(\boldsymbol{X})$ は

$$e(\boldsymbol{X})=d(\boldsymbol{X})/\{1+d(\boldsymbol{X})\} \tag{4.9}$$

と判別スコアの単調関数となる（Rosenbaum and Rubin, 1983a）．いずれかの群への帰属確率を目的変数にとったロジスティック判別分析は2.4節のロジスティック回帰にほかならず，傾向スコアの推定に主として用いられる．このこ

とより，傾向スコアの理解を判別分析の観点から行うことができる．判別がうまくいくのは共変量 X が群の違いに関する情報を十分に有している場合である．このとき，判別スコアの重なりはあまりなく，因果推論の立場からは逆に望ましくないものとなっている．一方，判別分析がうまくいかないのであればそれは両群間の違いがほとんどない場合で，因果推論の観点からはランダム化比較実験に近く，むしろ望ましいものとなる．

処置の割付けを表すダミー変数を Z とし，X を m 次の共変量としたとき，共分散分析モデルを $y=\alpha+\tau Z+\beta^T X$ とすると，処置効果 τ の推定値は，$d(X)$ を（1次元の）判別関数としたときのモデル

$$y=\alpha+\tau Z+d(X) \tag{4.10}$$

から推定された τ に等しいことが示される．これは，共分散分析において，多変量の共変量 X すべてを用いた共変量調整は，1次元の判別スコア $d(X)$ のみを用いた調整と，処置効果の点推定では同じとなることを意味する（推定量の標準誤差は異なる）．このことは，Rosenbaum and Rubin (1983a) の最後にも記載されているように，傾向スコア $e(X)$ を共変量にとった共変量調整は，各群の分布が分散共分散行列の等しい多変量正規分布に近似していて $e(X)$ が $d(X)$ に近ければうまくいくが，そうでない場合にはあまりよくないことを示している．

4.3 傾向スコアの推定とその評価

傾向スコアは，共変量 X が与えられた下での条件付き確率 $P(Z=1\,|\,X)$ であるので，その推定に最も一般に多く用いられるのが 2.4 節で述べたロジスティック回帰である．すなわち，

$$\mathrm{logit}(e(X))=\log\frac{e(X)}{1-e(X)}=\alpha+\beta^T X \tag{4.11}$$

により $e(X)$ を推定する．ここで α および β は推定すべき係数である．共変量の分布が多変量正規分布で近似できる場合には (4.8) の判別スコアを用いてもよい（(4.9) により $0<e(X)<1$ とする）．それ以外にも，プロビットモデル，分類回帰木（CART），ニューラルネットワーク，一般化加法モデルや種々の機

械学習の方法などさまざまなものが提案されている．特に，機械学習の諸手法の多くは，統計的にはノンパラメトリックな判別分析とみなされることから，コンピュータソフトウェアが用意されているのであれば，有力な推定手法である．

ロジスティック回帰や判別分析では，たとえば (4.11) における係数の推定値の吟味を P 値の大小を交えて行い，X における各変量の寄与の大きさを評価することにより，現象の背後にあるメカニズムを知ろうとする．しかし傾向スコアの推定では，その種のメカニズムの評価ではなく，単に $e(X)$ の値を精度よく推定することに主眼が置かれ，(4.11) の β などのパラメータの解釈を行わないことが多い．したがって，(4.11) のようなパラメトリックモデルよりも，ノンパラメトリックな機械学習手法の適用が，より現実的な選択になるかもしれない．ただし，パラメトリックモデルのほうが，研究者がモデルの改訂を行いやすい（たとえば変量を追加したり，変量の高次の項を入れたり，あるいは変量同士の積の項を加えたりしてモデルの適合度を目でみて行える）というメリットはある．推定手法の詳細はたとえば Guo and Fraser（2015）などを参照されたい．

どのような手法を用いるにせよ，重要なポイントは傾向スコアの推定に用いる共変量をいかに選ぶかという点である．ここでさまざまな意見がある．妥当な解析のためには 4.1 節の条件 4.1 を満足する必要がある．そのためには共変量に漏れがあってはならず，なるべく多くの共変量を推定モデルに取り入れるべきという意見や，特にサンプルサイズが小さい場合には無関係な共変量を取り入れるとオーバーフィッティングによるみかけの当てはまりのよさがみられるので適切に変数選択すべきという意見などがある（たとえば Stuart（2010）を参照）．しかし，相関の高い変量のモデルへの取り込みによる多重共線性は，各係数の解釈上は大きな問題となるが，予測の観点からはそれほど問題は大きくないことや，余分な変数をモデルに取り込むリスクよりも重要な変数をモデルに取り込まないリスクのほうが大きいことから，なるべく多くの変数を取り入れたほうがよいと考えられる．

また，傾向スコアはデータ解析における計画段階で用いられるべきものであり，したがって傾向スコアの推定では，結果変数の値を（あったとしても）見

ずに行うべきであるとされ (Rubin, 2006, 2007, 2008). であるならば，共変量が結果変数に大きな影響を与えるかどうかはわからないので，なるべく多くの共変量をモデルに取り入れるべきであるとされる．一方，処置によって影響を受けた変数はモデルに含めるべきではないというコンセンサスはできている (Rosenbaum (1984) など).

　傾向スコアの推定の精度評価は，処置群と対照群間での共変量の分布が同じとみなせるかどうかで行う．通常のモデル評価と異なり，4.2 節で述べたように共変量が両群をうまく分離させているかどうかは，この場合適切な評価指標とはならない．あくまでも両群間での共変量の分布が同じかどうかが問題となる．両群間で平均値がそろっていることはもちろん，分布そのものを同じとみなしてよいか，あるいはまた変量同士の同時分布も同じかどうかまでも見るのがよいとされる．もしある変量に両群間でインバランスが残っているのであれば，その変量の高次の項あるいは非線形変換をモデルに取り入れる，あるいは他の変量との積の項を取り入れるなどして群間のバランスをとるようにすべきである．

4.4　傾向スコアの利用法

　傾向スコアは，処置群と対照群間の共変量のインバランスを調整するとともに，処置効果の推定にも用いられる．ただし，傾向スコアの発案者の1人である Rubin は，観察研究を研究の計画段階と解析段階に分けた場合，傾向スコアは，研究の計画段階で用いるべきという議論を展開している（たとえば Rubin (2007, 2008) などを参照）．すなわち傾向スコアは，処置群と対照群間での比較可能性を担保するために用いるべしとのご託宣である．傾向スコアのさまざまな応用が爆発的に広がっている現在での「こうすべし」という議論の成立いかんはさておき，開発者の思惑の所在地は認識しておいてもよいであろう．

4.4.1　種々の利用法

　傾向スコアの利用法としては，(a) マッチング，(b) 層別，(c) 逆確率重み付け法，(d) 共分散分析，がある．これらについて簡単に述べる．(a) と (b)

は，結果変数が観測される以前，あるいは結果変数が得られていたとしてもそれらを用いない方法，すなわち，研究の研究段階での手法と位置付けられる．それに対し，(c) と (d) は結果変数の値が得られたあとでの処置効果の推定法である．ただし (c) は計画段階でも用いられる．

(a) マッチング：　傾向スコアを利用してのマッチングでは，傾向スコアの一致した個体，あるいはきわめて近いスコアの個体同士を選択する．その際，傾向スコアだけでなく，重要な共変量を明示的に取り上げ，マハラノビス距離などの距離の情報も加味してマッチングすることが望ましい（第5章を参照）．

(b) 層別：　傾向スコアの値の近いもの同士をいくつかの層に層別する．層の数は5程度でよいとの意見もあるが，サンプルサイズに応じて決めることも必要であろう．ただし，傾向スコアがある程度離れていても無理やり同じ層にしてしまう危険性もある（第6章を参照）．

(c) 逆確率重み付け法：　対照群（あるいは処置群も）の個体を選択するのではなく，重み付けすることで，使えるすべての個体の情報を使っていることになる（第7章を参照）．

(d) 共分散分析：　共分散分析については2.4節で触れたが，傾向スコアの利用との関連で4.4.2項で述べる．

以上の手法は，単独ではなく，組み合わせることによって，よりよい処置効果の推定が期待できる．たとえば，マッチングあるいは層別により，共変量のインバランスを調整したとしても，まだ多少のインバランスは残るため，データの解析段階で共分散分析を用いることによりさらによい推定値が得られる可能性がある．また，計画段階での傾向スコアの推定モデルもしくは解析段階での結果変数の解析モデルのいずれか片方が正しい場合に妥当な処置効果の推定値が得られるとされる二重にロバストな手法（7.3節）も提案されている．

処置効果の推定では，さまざまな統計手法が用いられる可能性がある．また，データを多面的に解析するための各種多変量解析法の適用も考えられる．そのためには，両群間での比較可能性を高めたデータセットの提供が望ましい．その意味では，比較可能性の高いデータセットの再構成が傾向スコアの主たる利用法とする Rubin の主張は首肯されるべきものである．

4.4.2 共分散分析

4.2節で述べたように,共変量 X すべてを用いた共分散分析と判別スコア $d(X)$ のみを共変量に取った共分散分析では,処置効果 τ の推定値は一致する.したがって,傾向スコア $e(X)$ と判別スコア $d(X)$ が近ければ,傾向スコアのみを共変量にとった共分散分析は,処置効果のよい推定値を与えることになる.そのためには,処置群と対照群の共変量の分布が,分散共分散行列の等しい多変量正規分布に近くなくてはいけないという条件が成り立つ必要がある.しかしそれは,多くの応用例ではそれはなかなか成立が困難な仮定である.

傾向スコアが共変量をバランスさせるといっても,それは理論的な話であって,実際上は多少のインバランスは残る.そこで,両群間でバランスさせたい重要な共変量を選び,それらと傾向スコアとを共変量にとった共分散分析が,処置効果のよりよい推定値を得るための実効性のある推定法として推奨されている(Rosenbaum and Rubin (1983a), Schafer and Kang (2008) などを参照).

Chapter 5

マッチング

　マッチングは，特に観察研究における処置効果の推定の有力な方法論である．これまで，マッチングの目的は処置効果の推定精度の向上が主であったが，傾向スコアの導入により処置群と対照群間の共変量の比較可能性を高める目的での適用が多くなってきている．本章ではマッチングにまつわる種々の論点を述べる．特に傾向スコアマッチングについて詳しく解説する．

5.1　マッチングの目的

　マッチング（matching）は，群間比較のための方法論として，そのわかりやすさのためもあり古くからデータ解析に用いられてきた．処置と対照を比較する際，性別，年齢，社会的地位など背景因子が似通った個体をマッチさせて抽出し，それら同士の比較によって処置の効果を精度よく推定しようというのがこれまでのマッチングの使われ方であった．しかし近年，統計的因果推論の枠組みの中でマッチングにより処置群と対照群の共変量のインバランスを調整し，両群間の比較可能性を高める目的で用いられることも多くなってきた．

　マッチングを必要とする場面にはいくつかのものがある．実験研究では，実験対象となる個体の中から，実験結果に影響を及ぼすと思われる背景因子（性別，年齢など）が似た個体を選び出してペアとし，ランダムに片方を処置とし，もう片方を対照とする．すなわち，一対比較（pair matching）である．この場合マッチングさせる因子は比較的少数のものとなる．データの解析法としては，結果変数がカテゴリカルな場合には 2.1.2 項のマクネマー検定などが標準的に適用され，結果変数が連続的な場合には，2.2.2 項で述べた対応のある t 検定

5.1 マッチングの目的

やランダム化検定あるいはウィルコクソンの符号付き順位検定が主として用いられる.

観察研究で,処置群と対照群の結果変数をこれから観測する前向きのコホート研究(cohort study)では,処置群と対照群のそれぞれから背景因子の似た個体を抽出してペアとし,それらに対して結果を観察する.これは,個体の結果の観察に時間あるいは費用がかかり,今後追跡する個体数をなるべく制限したい場合に用いられる手法である.すでに結果変数が観測されている場合では,処置群と対照群の共変量間にインバランスが生じていると,それらが結果に対して影響を与えている可能性を排除できず,両群の比較可能性が担保できないので,両群間で共変量の分布が同じになるような個体をマッチングにより抽出する.この際,あまりマッチングの条件をきつくすると抽出される個体数が減って処置効果の推定精度が悪くなってしまい,逆に解析に供する個体数を確保しようとするとマッチングの精度が悪くなる.また,すでに結果が得られている場合に,結果をもたらした原因が何であるかを特定しようとするケース・コントロール研究では,比較的少数の症例に対し,マッチングにより背景因子の類似した対象を選択する.これらの場合は,いずれも背景因子の個数が多いのが普通で,それらをどう扱うかが問題となる.

マッチングの効用には,大きく分けて妥当性(validity)と有効性(efficiency)の2つがある.妥当性とは,推定対象として想定した処置効果そのものを偏りなく推定することを意味し,有効性とは,その推定の精度がよいことを意味する.そしてその効用は,研究が実験研究なのか観察研究なのかによって異なるものとなる.実験研究では,対象の処置への割付けのランダム化が可能なため,処置効果の偏りのない推定が可能である.したがって,実験研究におけるマッチングの効用は主として有効性の観点から語られることが多い.それに対し観察研究では,対象の処置への割付けはランダムに行うことができないため,マッチングの主たる目的は妥当性の確保となる.

マッチングの効用の議論では,統計的な観点と実際上の観点の両方が必要となる.統計的な観点とは,処置効果を偏りなく推定できるか(不偏性(unbiasedness)),推定の精度はどの程度か(有効性)といった統計理論に即したものである.それに対し実際上の観点とは,マッチングの対象の選択は簡単

で短時間で可能か，結果の解釈は簡単でわかりやすいか，といったものである．また，想定する統計モデルへの結果の依存性の程度も考慮の対象となる．得てして，数学的なモデルを想定しての統計学的な議論は，統計的な有用性を過度に強調する傾向にある．特に，ある種のモデルを想定してのシミュレーション研究にその傾向は顕著である．実際上の有用性は，なかなか定式化が難しいため統計的有用性に比して軽んじられる傾向にあるが，統計的データ解析が真に実社会で有用であるためには，常に考えておかなければならないものである．

マッチング変数を X としたとき，X でマッチングを行うと両群での X の分布は同じになり，X が結果変数に与える影響をなくすことができる．マッチング変数が交絡因子で処置の割付けおよび結果変数の両方に対して影響を与える場合には，その影響を除去する必要があり，マッチングはそのための有力な手段である．以下，簡単な例によりマッチングの有用性をみることにする．

例 5.1 例 2.3 の続き　2.2.1 項の例 2.3 では，新開発のタイヤ B（処置）が既存品のタイヤ A（対照）に比べ走行距離に異なる影響を与えるかどうかの 2 標本 t 検定を行ったところ，統計的な有意差は得られなかった．ところが 2.3.2 項の例 2.7 では，自動車の総排気量を共変量にとった共分散分析により，処置群と対照群での走行距離の差は統計的に有意であるとの結果を得ている．

ここでは同じデータに対し，総排気量でマッチングして解析する．2.2.1 項の表 2.7 のデータにおいて，共変量の総排気量でマッチングさせた際にマッチング相手のいない A1 および B6 を除去すると表 5.1 が得られる．結果として両

表 5.1　総排気量でマッチングさせた走行テストの結果
（単位：総排気量 1000 cc，走行距離 km）

タイヤ A			タイヤ B		
ID	総排気量	走行距離	ID	総排気量	走行距離
A2	1.5	17.7	B1	1.5	20.3
A3	1.5	16.2	B2	1.5	18.3
A4	1.8	15.9	B3	1.8	18.5
A5	1.8	16.1	B4	1.8	16.1
A6	2.0	14.3	B5	2.0	14.6
平均	1.72	16.04	平均	1.72	17.56
分散	0.047	1.458	分散	0.047	4.958

群で総排気量の分布は同じとなっていることに注意されたい．これらに対し走行距離の平均の差を求めると1.52となる．図5.1 (a) は元のデータであるが，矢印で示した2つの測定値を除去すると図5.1 (b) となり，両方の図に引いた回帰直線の傾きが異なる様子がわかる (2.3.1項で述べたように，ダミー変数を用いた回帰分析は2標本t検定と同等である)．

マッチングさせた5個ずつのデータに対して2標本t検定を施すと，t統計量の値は

$$t_{(\mathrm{ind})} = \frac{17.56 - 16.04}{\sqrt{\left(\frac{1}{5} + \frac{1}{5}\right) \times \frac{1.458 + 4.958}{2}}} = \frac{1.52}{1.133} = 1.342$$

であり (添え字の (ind) は independent を表す)，両側P値は$P = 0.216$となる．例数が少ないため統計的な有意差は得られないが，走行距離の平均の差1.52は，総排気量によるマッチングをしない場合の平均の差0.4よりも例2.7の共分散分析での処置効果1.458に近く，P値も，マッチングをせず全データを用いた場合の$P = 0.749$よりもかなり小さくなっていて，タイヤの種類が走行距離に影響を与えていることが示唆されている．

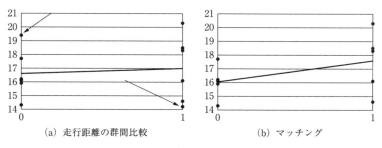

図5.1 マッチング ((a) の矢印の測定値を除去)

この例では，共分散分析によって平均値間の差が検出できていたが，共分散分析が妥当性をもつためには，回帰直線の平行性や誤差分散の均一性などのいくつかの仮定を必要とする．しかし，マッチングによる解析では，それに比して仮定すべき事柄が少なく，結果の提示あるいは解釈においても，共分散分析

よりもマッチングのほうがはるかにわかりやすいという利点をもつ．いわば，共分散分析のような「高度な」手法を用いなくても，簡便な方法で妥当な結論が得られることを示している．

表2.7のデータでは，共変量の総排気量に両群間で若干の違いがあり，それを共分散分析により調整している．また共分散分析は，それに加え共変量と結果変数との相関を利用して，処置効果の精度を高める働きも担っている．それに対しマッチングは，共変量を両群間で揃える働きのみをしている．マッチングは共変量の総排気量のみによって行われ，結果変数を用いていないことでもそれがわかる．処置効果の推定精度を高めるためには，計画段階でのマッチングに加え，解析段階でマッチングを加味した統計手法の選択が必要となる（下の例5.2を参照）．

表2.7のデータはランダム割付けの結果であるため，共変量の両群間でのインバランスは単なる偶然によるものである．しかし観察研究では，両群間で共変量の分布にかなり大きな違いがみられることは珍しくないであろう．マッチングは，両群間での共変量の分布を揃え，群間の比較可能性を確保するために用いられる．上述のように，共分散分析でも共変量のインバランスは調整されるが，共分散分析は結果変数の観測後に行われるものであり，処置と結果の間の関数関係について直線性などの仮定を必要とする．

例5.2 **例5.1の続き** 例5.1の計算例では，マッチングにより走行距離の妥当な推定値が得られることを示した．次に，対応関係を考慮した解析と考慮しない解析の差をみる．表5.1のデータでは，総排気量でマッチングはしたものの，マッチングによる対応関係は考慮せず，2標本t検定を用いている．ここでは，最初に自動車を総排気量でペアマッチングし，マッチングさせたペアのいずれにどのタイヤを装着するかをランダムに決めたものとしよう．表5.2は，データの数値そのものは表5.1の再掲であるが，ペアマッチングさせたとしているため，マッチングしたペアでの差の計算が意味をもつことになる．

5.1 マッチングの目的

表5.2 ペアマッチングとみた走行テストの結果

総排気量	タイヤA	タイヤB	差
1.5	17.7	20.3	2.6
1.5	16.2	18.3	2.1
1.8	15.9	18.5	2.6
1.8	16.1	16.1	0.0
2.0	14.3	14.6	0.3
平均	16.04	17.56	1.52
分散	1.458	4.958	1.617

マッチングによる対応を考慮した対応のあるt検定では,検定統計量は

$$t_{(paired)} = \frac{1.52}{\sqrt{1.617/5}} = \frac{1.52}{0.569} = 2.671$$

となり(添え字の(paired)はペアとしたことを意味する),(両側)P値は$P_{(paired)} = 0.056$と求められる.ペアとみたときのタイヤAとタイヤBの値の相関係数は$r = 0.892$と大きいことから,マッチングの効果により対応のある検定のほうがP値はかなり小さくなる(ほぼ5%有意である).

マッチングさせた結果を,例5.1では対応のないデータとして分析し,例5.2では対応のあるデータとして分析している.検定統計量の値$t_{(ind)}$と$t_{(paired)}$とでは,分子は同じであるが分母の標準誤差の値が異なり,$t_{(paired)}$のほうが標準誤差が小さいことから検定統計量の値は$t_{(paired)}$のほうが大きく,結果としてP値も小さくなっている.対応を付けた値同士に正の相関がある場合には一般にこのようになり,検定結果が両者で異なることもある(2.2.2項の例2.4を参照).

観察研究におけるマッチング,特に傾向スコアによるマッチングでは,標準誤差をどのように計算するのかに関して,研究者の間でも意見が分かれている(後述).また,ここではマッチング変数を1つのみとした簡単な場合を扱ったが,実際のデータでは,マッチング変数(の候補)が数多く存在することから,実際にマッチングをどのように行うかが問題となる.

5.2 個別マッチング

マッチングの目的は，5.1節で述べたように処置効果（因果効果）の推定の妥当性の確保と推定効率の向上である．ここでは，マッチングがよく用いられる状況である，処置群の各個体に対し対照となるべき個体の集合からマッチングによって具体的に対照となる個体を選び出す，という枠組みで話を進める．

第3章で述べた潜在的な結果 $\{Y(1), Y(0)\}$ を用いた Rubin の因果モデルでは，個体 i が処置群に属する場合，$Y_i(1)$ は観測されるが $Y_i(0)$ は観測されない．マッチングは，観測される共変量を用いて個体 i と似たものを対照群から選ぼうとする．もし仮に，個体 i の共変量 X_i とすべての共変量 X_j が一致する個体 j が対照群から選ばれたとすると，個体 i を特徴付ける $\{Y_i(1), Y_i(0)\}$ と個体 j を特徴付ける $\{Y_j(1), Y_j(0)\}$ も一致しているであろうことが期待される．そこで，観測されない $Y_i(0)$ の代わりにマッチングした別の個体の $Y_j(0)$ を用いれば，3.1節で述べた個体の因果効果 $\tau_i = Y_i(1) - Y_i(0)$ が $\hat{\tau}_i = Y_i(1) - Y_j(0)$ として推定できることになる．実際問題，そう都合のいい個体 j が対照群内に見つかるとは限らないので，この議論は完全には成り立たないが，マッチングはこのような個体を見つけ，潜在的な結果を再現するためのものと考えることもできる．

マッチングさせた場合には，マッチングにより組となった個体同士を対応のあるデータであるとし，第2章で述べた対応のあるデータに関する解析手法（マクネマー検定，対応のある t 検定）を適用することで，推定効率の向上が可能となる．これは，実験研究では当然のことであるが，観察研究では，必ずしもそうでない．

マッチングによる推定効率の評価では，5.1節で触れた2つの状況，すなわち，

（a）マッチングによって選び出された個体の結果はこれから観測する．

（b）対照となるべき個体の集合については，すべての結果は観測されている．

の区別をする必要がある．（b）では，マッチングにより選び出した個体だけでなく，すべてのデータを何らかの形で解析に用いたほうが望ましい，という考え方がありうる．マッチングによる個体の選別は，各個体に付けた重み w_i を 1

5.2 個別マッチング

または 0 とすることであるので,それを拡張し,重みを $0 \leq w_i \leq 1$ の範囲内で動かして何らかの意味で最適化すれば,統計的推測の効率はよくなる(最低でも悪くならない).また,共分散分析による調整は,もし想定したモデルが正しければ,マッチングに比してより効率のよい推測が可能である.

マッチングの妥当性と効率の議論は,5.3 節で述べる傾向スコアマッチングの導入により一変した感がある.以下では,一変する前のマッチングの妥当性と有効性の議論をまとめる.

マッチングはわかりやすい手法である.処置群と対照群とで背景因子の似通った個体を選び出し,それら同士を比較することで背景情報のばらつきを抑えようという考え方は,きわめて理解が容易でしかも説得力がある.問題は,マッチング変数が増えた場合にそれが実際上不可能になることである.傾向スコア以前のマッチングの妥当性,有効性の議論は,必然的にマッチング変数の個数が少ない場合に限られている.

医学系の学術雑誌で用いられているマッチングには,ペアマッチング(pair matching)と度数マッチング(frequency matching)がある.前者はこれまで議論してきたマッチングであるが,後者は必ずしもペアをつくらず,特定の共変量の分布の頻度を合わせるマッチングである.この場合は,頻度を合わせる共変量は比較的少数個に限られる.以下ではペアマッチングについて述べる.

マッチングの有効性の議論では,その比較相手は独立なサンプリングである.すなわち,2.1 節のマクネマー検定とピアソン・カイ 2 乗検定あるいはフィッシャー検定との比較,2.2 節の独立な 2 標本 t 検定と対応のある t 検定との比較である.この比較に関しては,それらの節で述べたように,マッチングを考慮した解析のほうが独立であるとした場合の解析よりおおむね推定効率は高くなる.しかしこの対応のあるなしの場合だけの比較は,特に上述の状況 (b) では,実際上意味がなく,マッチングと本来比較すべき相手は,できるだけ多くの観測値を用いた独立サンプリングにおいて,交絡を共分散分析によって調整した解析法であるとの考え方がある.実際,Billewicz(1965)は,その比較であれば,必ずしもマッチングがいいわけではなく,というよりむしろ共分散分析のほうに分があるとしている.

McKinlay(1977)は比較の論点を整理している.それによると,マッチング

の利点は
- (a1) わかりやすく，統計の知識がなくても使える．
- (a2) 独立なサンプリングよりも推定効率がよい．しかし，比較を同じサンプルサイズとするのは，マッチングでは必ずサンプルサイズが小さくなるのだから不公平であるし，共分散分析や事後層別と比較すべきである．
- (a3) データの解析が容易である．

としている．それに対し，マッチングの欠点としては
- (b1) マッチングにコストがかかる．すなわち余分な手間が増える．また，最初のサンプルサイズよりも小さくなってしまう点もコストと考えられる．
- (b2) 推定効率が下がることがある．個体の選択によりサンプルサイズが小さくなることで標準誤差は大きくなる．
- (b3) 事後的な共分散分析や事後層別に比べて，マッチングによる方法は必ずしも効率がよいわけではない．

とし，結論としては，ペアマッチングは，マッチングの手間，サンプルサイズの減少，事後的な偏りの調整が可能，などの視点から鑑みるに，必ずしも推奨に足る手法ではないとしている．しかしながら，たとえば共分散分析はモデルに依存した手法であり，そのモデルの仮定が成り立たない場合には妥当性の確保ができないなどの難点もあることから，そうたやすく結論できるものでもない．

5.3 観察研究におけるマッチング

実験研究でのマッチングの目的は，主として処置効果（因果効果）の推定効率の向上であるが，観察研究での第一義的な目的は妥当性の確保である．観察研究では，処置群と対照群間で共変量に不可避的にインバランスが生じることから，その調整がマッチングの主目的となる．すなわち，5.2節で述べた潜在的な結果の再現というよりは，両群間のインバランスを調整し，群間の比較可能性を高める働きが主であるとみなされる．また，マッチングに使用する変数が多いことも観察研究の特徴である．

ここでは，観察研究のうちで前向きのコホート研究を念頭に，マッチングの

5.3 観察研究におけるマッチング

中でも特に傾向スコアを用いたマッチングの具体的な方法を述べる.

5.3.1 推定対象

第3章で導入した潜在的な結果 $\{Y(1), Y(0)\}$ を用いた Rubin の因果モデルでは，推定すべき処置効果にいくつかの種類があることを述べた（3.1節参照）. したがって第一に，マッチングによりどの処置効果を推定対象とするのかを見極めなくてはならない.

処置群が比較的少数個の個体からなり，対照群の候補となる集団の個体数がかなり多い場合，処置群の個体と背景因子が類似の個体を対照群から選ぶことになる．このことは，5.2節で述べたように，処置群の個体 i の観測されない $Y_i(0)$ の代わりとして，それとマッチングした対照群の個体 j の $Y_j(0)$ を用いているとみなすことができる．すなわちこの場合，3.1.2項で定義した処置群での平均処置効果 ATT が推定対象となる．実際のデータ解析では，この種のマッチングが多いであろう．それに対し，処置群の個体も比較的多くあり，両群間で個体のマッチングをする場合には，母集団での平均処置効果 ATE を推定することになる.

これらの違いを念頭に，Stuart（2010）に基づき，実際のマッチング法について以下に述べる.

5.3.2 距離の定義

マッチングでは，処置群および対照群の個体で共変量の近いもの同士の選択が目的であることから，個体間の近さを定義しなければならない．各個体は一般に m 個の項目（変量）からなるベクトル $X = (x_1, ..., x_m)^T$ によって特徴付けられ，第 i 個体の値を $X_i = (x_{i1}, ..., x_{im})^T$，第 j 個体の値を $X_j = (x_{j1}, ..., x_{jm})^T$ とする. このとき，個体間の距離（の2乗）として以下のものが考えられる.

(a) 重み付きユークリッド距離 (weighted Euclidean distance)：

$$D_{ij} = \sum_{k=1}^{m} w_k (x_{ik} - x_{jk})^2$$

(b) 重み付き市街地距離 (weighted city-block distance)：

$$D_{ij} = \sum_{k=1}^{m} w_k |x_{ik} - x_{jk}|$$

(c) マハラノビス距離 (Mahalanobis distance):
$$D_{ij} = (X_i - X_j)^T \Sigma^{-1} (X_i - X_j),$$

ここで Σ は共変量の分散共分散行列であるが,ATT の推定では Σ は対照群全体での分散共分散行列,ATE の推定では Σ は処置群と対照群をプールした分散共分散行列とする.

(d) 傾向スコア (propensity score):
$$D_{ij} = |e(X_i) - e(X_j)|$$

(e) 線形傾向スコア (linear propensity score):
$$D_{ij} = |\text{logit}(e(X_i)) - \text{logit}(e(X_j))|,$$

ただし $\text{logit}(p) = \log(p/(1-p))$ である.

上記の (a) および (b) ですべての k に対し $w_k = 1$ とすれば通常のユークリッド距離および市街地距離となる.逆に,ある k に対し $w_k = \infty$ とすれば,その変数に関しては必ず一致しなければならないことになる.すべての w_k を ∞ とすると,全変数における一致が必要となり,これを exact なマッチング (exact matching) という.

以上述べた距離は,組み合わせて用いることでさらにマッチングの精度の向上が期待できる.傾向スコアは 1 次元の量であるため使いやすいのであるが,両群での共変量の「分布」が等しいことは保証されるが,マッチングしたもの同士の各共変量の「個々の値」が (a),(b) あるいは (c) の個体間の距離の意味で実際に近いかは必ずしも保証の限りではない.そこで,重要と思われる共変量に関しては,マハラノビス距離などで直接的な近さを保証することが考えられる.また,あまりにも遠い個体同士をマッチングさせないような工夫も必要となる.たとえば,ある定数 c に対し,

$$D_{ij} = \begin{cases} (X_i - X_j)^T \Sigma^{-1} (X_i - X_j) & (|\text{logit}(e(X_i)) - \text{logit}(e(X_j))| \leq c) \\ \infty & (|\text{logit}(e(X_i)) - \text{logit}(e(X_j))| > c) \end{cases} \quad (5.1)$$

とすれば,線形傾向スコアでの距離が c を超えたものはマッチングの対象とならないことを意味する.このときの c をカリパー (caliper, ノギス) という.

Rosenbaum and Rubin（1985a）はカリパーの大きさの目安として，線形傾向スコアの標準偏差の 0.2〜0.25 倍を推奨している．

5.3.3 マッチング法

処置群での平均処置効果 ATT の推定では，処置群の個体 X_i に対し，対照群でのマッチング相手をいくつ選ぶかの選択の余地がある．すなわち，1：1マッチング（one-to-one matching）か 1：k マッチング（one to k matching）か，あるいはさらにフレクシブルに，k を処置群の個体ごとに変えることも考えられる．また，マッチング相手の選択を非復元（without replacement）で行うか，復元（with replacement）で行うかも重要である．これらの選択には一長一短がある．

1：1マッチングでは，処置群と対照群における解析に使われるべき個体数は同じとなり，対照群に属する個体数が多い場合には大部分のデータが使われず，処置効果の推定精度が低くなる恐れがある．逆に 1：k マッチングでは，距離があまり近くない個体がマッチングされる可能性が否定できない．また，k を変化させる，あるいは，対照群の相手がいない処置群の個体はマッチングに含めないといったきわめてフレクシブルなアルゴリズムは複雑なものとなろう（フルマッチング（full matching）という）．復元・非復元では，復元とした場合は処置群における異なる個体に対し対照群の同じ個体が対応することになり，推定値の標本分散が小さくなる．

対照群における個体数が処置群とあまり異ならないのであれば 1：1 非復元マッチングが無難な選択である．対照群のマッチングの候補がかなり多い場合には 1：2 とか 1：3 非復元マッチングが合理的であろう．あまり距離が近くない相手を選ばないためには（5.1）のカリパーの設定が必要であるが，その場合には処置群の個体に対し対照群での適当なマッチング相手が見つからないことも起こりえて，全体のサンプルサイズがさらに減少しかねない．

マッチングの具体的なアルゴリズムも選択する必要がある．マッチングでは，処置群の個体と距離が近いものを対照群から選ぶ最近傍マッチング（nearest neighbor matching）が用いられる．処置群の個体を 1 つずつ順に選び，それらに対し距離が最も近い対照群での個体を非復元で選ぶというのが最も単純なマ

ッチング法(貪欲マッチング(greedy matching))であるが,これは「早い者勝ち」の方法であるがゆえに,どういう順番で処置群の個体を選ぶかが問題となる.ランダムに選ぶというのが1つの選択であろう.そうではなく,全体としての近さの尺度を何らかの形で定義し,その尺度が小さくなるように,ある種の反復法によって全体のバランスをよくするという方法(最適マッチング(optimal matching))も考えられている(Gu and Rosenbaum, 1993).ただしかなり時間はかかるようであるし,Gu and Rosenbaum (1993)によれば,結果として選ばれたマッチング相手は,ペア同士では異なるものの全体としては貪欲マッチングとほとんど変わらないという経験的事実もある(逆にいえば,全体としてみればマッチング相手は変わらないが,ペア同士でみればかなり異なっているともいえる).

マッチング相手の選択では,対照群でのマッチング候補のプールが大きい場合,全データの一部分しか選ばれないことになり,処置効果の推定の効率が落ちるという問題が生じる.そこで,個体すべてに重み付けをしてすべて利用する方策が考えられている.通常のマッチングで,選ばれた個体に重み1を,選ばれなかった個体に0を与えることに相当しているので,個体への重み付けはその自然な拡張とみることができる.具体的には,平均処置効果 ATE の推定では,Z_i を処置を表すダミー変数(1:処置,0:対照)としたとき,個体 i への重みを $w_i = Z_i/e(X_i) + (1-Z_i)/(1-e(X_i))$ とする.すなわち,処置群の個体には傾向スコアの逆数 $1/e(X_i)$ を,対照群の個体には $1/(1-e(X_i))$ を重みとして与える方法が用いられる(Lunceford and Davidian, 2004).また,ほかにも種々の重み付け法が提案されている.たとえば,処置群での処置効果 ATT の推定では,$w_i = Z_i + (1-Z_i)/(1-e(X_i))$ とするという提案もある.これらは標本調査における比推定法と同じであり,重み付け法の欠点は,比推定法の場合と同じく小さな確率の個体の重みが大きくなりすぎてしまうことである.それを補うため,与えられる重みに上限を設ける提案もなされている(第7章を参照).

5.4 マッチング結果の評価

マッチングの目的の1つは,処置群と対照群間における各共変量の分布を揃

5.4 マッチング結果の評価

え，処置の効果に関する両群の比較可能性を高めることにある．強い意味での無視可能条件（4.1節の条件4.1）の仮定の下では，傾向スコアによるマッチングにより，理論上同じ傾向スコアをもつ個体の両群での共変量の分布が同じとなって，マッチングの結果，全体としても共変量の分布は同じとなるはずである．しかし実際のデータ解析では必ずしも理論通りにはいかないため，マッチングの結果得られた共変量間のバランスの評価が必要となる．

傾向スコアによるマッチングに限らずすべてのマッチングでは，マッチングされた個体同士の共変量の分布の重なり（common support，共通部分）が両群でどの程度あるのかの考察が重要である．傾向スコアの分布の重なりがまったくないかあるいはほとんどない場合，それは処置群および対照群が共変量によって判別されてしまっていることを意味する．それでは，仮に両群間での観測結果に違いがみられても，それが処置によるものなのか共変量の違いに基づくものであるのかの判断ができない．傾向スコアの理論はすべて「同じ傾向スコアの値のときに」という前提で成り立っていることから，傾向スコアの分布の重なりがない場合には解析が不可能となる．

傾向スコアの重なりがほとんどないときには，カリパーを設定したマッチングではマッチング相手が見つからないという事態になり，そのことが分析者には明示的に示される．これは欠点ではなく利点である．傾向スコアの分布の重なりがほとんどない場合には，当該データからの処置効果の推定はできないと知るべきである．共分散分析の機械的な適用では，分布の重なりがあってもなくても結果は出てしまう．分布の重なりがない場合の処置効果の推定は1.5節の図1.3（d_4）に示したように外挿によるものとなる．共分散分析の仮定，すなわち回帰直線が平行であると信じる確固たる根拠がある場合はともかく，回帰直線が平行でなかったり，回帰関数が直線的でない場合には，妥当な推定結果は得られないであろう．

両群での共変量の分布のバランスのチェックにはさまざまな方法がある．各共変量の平均値が異なるかどうかの評価はもとより，分散あるいは一般に分布形そのもの，あるいは相関関係までをみる必要があるとされる．チェック法として種々の数値的な方法，グラフを用いた方法などが提案されている．分布が同じという帰無仮説の検定で有意差がなければよいといった統計的検定に基づ

く評価法は望ましくないという見解が主流である（Austin（2008），Ho, et al.（2007），Imai, et al.（2008），Stuart（2010）などを参照）．最低限，両群での平均値の比較，できればグラフを用いた分布形の比較が必要である．

例 5.3 臨床研究における傾向スコアマッチング　ある臨床研究では，胃がんの手術における 2 つの術式 A と B を適用した場合の患者の予後の比較が行われた．術式の選択は医師によってなされたものであり，ランダム化比較実験ではない．複数の医療施設の過去 8 年の診療記録から，術式 A の患者 1903 名および術式 B の患者 1745 名が対象として選ばれた．これら 3648 名の患者に関しては，性別，年齢や手術前の検査結果などが，比較的扱いやすい形で共変量データとして保存されていた．また，術後の診療データもすでに存在していたが，予後のデータは人手による調査を必要としていた．これは，手術日を起点とした前向きコホート研究であるが，観測データはすべて得られているものである．

研究の主要な評価項目は，2 種類の術式間でがんの再発などの予後に差がないかどうかをみるものであった．それ以外にも，術式間での種々のパラメータの違いの有無も副次的に評価することとされた．術式間で共変量の分布が異なっているため，および術後の経過の調査には相当の時間と人手がかかることもあり，傾向スコアマッチングにより，比較対象の被験者を両術式の患者集団から選択することとした．傾向スコアの推定には，術式の選択および予後に影響があると思われる，性別，年齢，手術年，検査結果などからなる 31 個の共変量が選択された．これは，条件 4.1 を満たすべく臨床的に意味のありそうな共変量をなるべく多く取り入れるという方針によるものであった．

傾向スコアの推定にはロジスティック回帰を用い，マッチングは 1 対 1 非復元で，対象者の選択はランダムな順序とした貪欲マッチングによって行われた．この際，カリパーは線形傾向スコア（傾向スコアの logit）の標準偏差の 0.2 倍と設定された．両群での予後の同等性評価のためには，両群それぞれ 600 例以上が必要ということであった．マッチングの結果，術式 A，B ともに 924 例の被験者が抽出された．

図 5.2 に各術式での傾向スコアの分布を示した．傾向スコアの重なりは十分にあり，両術式は比較可能であることがわかる．また，表 5.3 にマッチング前

5.4 マッチング結果の評価

およびマッチング後のいくつかの共変量の被験者数と全体に対するその割合を示した．マッチング前には共変量間でインバランスが生じていたが，マッチング後では各変量間のインバランスがほぼ解消している．特に，術式Aは年ごとに実施数が減少しているのに対し術式Bは増加している．それは，マッチング前では顕著にみてとれるが，マッチング後では両群間での差異はほとんどなくなっている．ここで示した以外の共変量に関しても，ほぼ両群間でバランスがとれていることが確認されている．

マッチングは手術後のデータを見ずに行っている．これは実験研究における実験計画を模したものであり，マッチングの目的を，解析用のデータセットを用意することとしているためである．ここでの研究の主目的は両術式の比較であったため，比較可能性を高めるために最初の被験者集団からのマッチングを行い，それらのみについての予後のデータを調査したのであるが，両術式そのものの臨床的な特徴付けをするのであれば，マッチングされなかった被験者の調査も必要であろう．

マッチングされなかった個体は，医師によって片方の術式がもう片方の術式よりも好ましいと判断されたものであり，その判断が何に基づくのか，患者の特徴は何か，そして術後の予後はどうであったのかに関する情報収集も，実際の医療現場における貴重な情報となるであろう．

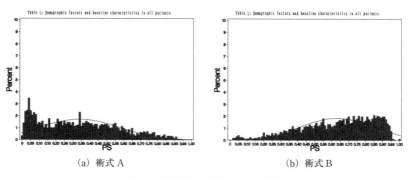

図 5.2 各術式での傾向スコアの分布

表 5.3 マッチング前後の各共変量の度数と比率

		(a) マッチング前				(b) マッチング後			
		術式 A		術式 B		術式 A		術式 B	
		度数	%	度数	%	度数	%	度数	%
例数		1903		1745		924		924	
年齢	平均値	64.1		62.0		63.2		63.3	
性別	男性	1274	66.9	1119	64.1	607	65.7	605	65.5
	女性	629	33.1	626	35.9	317	34.3	319	34.5
手術年	2006	359	18.9	137	7.9	124	13.4	128	13.9
	2007	319	16.8	178	10.2	159	17.2	153	16.6
	2008	297	15.6	199	11.4	135	14.6	146	15.8
	2009	337	17.7	245	14.0	175	18.9	167	18.1
	2010	281	14.8	269	15.4	155	16.8	147	15.9
	2011	172	9.0	362	20.7	96	10.4	106	11.5
	2012	138	7.3	355	20.3	80	8.7	77	8.3
検査項目 G	1	705	37.0	873	50.0	416	45.0	399	43.2
	2	1078	56.6	820	47.0	466	50.4	489	52.9
	3	120	6.3	52	3.0	42	4.5	36	3.9

5.5 処置効果の推定

傾向スコアは,処置効果の推定を行うための比較可能なデータセットを用意するために用いるべきであって,処置効果の推定は通常の(実験データの解析のための)統計手法で行えばよい,というのが Rubin らの考え方である(たとえば Rubin(2007, 2008),Ho, et al.(2007),Imai, et al.(2008),Schafer and Kang(2008),Stuart and Rubin(2008),Stuart(2010)などを参照).その考えに立てばここで述べることはほとんどないが,それとは異なる考え方もあることから処置効果の推定法についてここで言及する.

5.5.1 処置効果推定の留意点

処置効果の推定で主として用いられるのは 2.3.2 項で述べた共分散分析である.通常の共分散分析では調整すべき共変量をモデルに含めるのであるが,共変量の数が多いと多重共線性を含めさまざまな問題を生じる.その点,傾向ス

5.5 処置効果の推定

コアは共変量のもつ情報を 1 次元の変量に要約していることから，傾向スコアを共変量に加えることで簡単に共変量調整ができるという大きな利点がある．しかし，ともかく 1 次元であることから調整しきれない部分が生じるのは止むを得ない．そこで，傾向スコアに加え，重要と思われる少数個の共変量をモデルに加えることでさらに精度のよい推定が可能となる．

重要でかつ研究者の間でも議論の分かれる問題として，5.1 節でも触れた推定量の標準誤差の推定がある．たとえば通常の回帰分析や共分散分析では，回帰係数や処置効果の推定における標準誤差の導出は，説明変数（共変量）は固定されたという条件の下で行われる．しかしたとえば推定された傾向スコアを共変量に含める場合には，推定された傾向スコアを定数とみなすのではなく，傾向スコアの推定に起因する不確定さを考慮しなくてはいけないという立場もある．

マッチングによって処置群と対照群からそれぞれ個体を選ぶことによって解析用のデータセットを再構成した場合に，そのマッチングしたという事実を解析に反映させるかどうかという点もある．目的変数が連続量の場合，第 2 章で述べたように，連続的な場合に対応のある t 検定を用いるべきかあるいは独立な 2 標本 t 検定を用いるべきか，2 値変数であればマクネマー検定を用いるべきかあるいはピアソン・カイ 2 乗検定（もしくはフィッシャー検定）を用いるべきか，また標準誤差の計算をどのように行うべきか，というのが論点である．

Austin (2008) では，マッチングしたことを解析に反映すべきであるとしているが，同論文の discussion において Hill と Stuart はそうすべきでないとしていて意見が分かれている．Ho, et al. (2007)，Schafer and Kang (2008) も反映させなくていいとしている．Austin (2008) での議論に答える形で Austin (2011) はシミュレーション研究によってマッチングを解析に反映したほうがいいという結果を出している．

確かに Austin (2011) ではマッチングを反映させたほうが統計的に望ましい結果を示しているが，その「よさ」の程度は下の例 5.4 に示すように，そう大きいものではない．傾向スコアは両群における共変量の分布が等しいことを保証してはいるが，実際に個体レベルでも近いことまでは保証していない．個体レベルで近くないのであれば，マッチングした個体の観測値を 5.2 節でみたよ

うな観測されない潜在的な結果の代替物とみなすことはできない.少なくとも,傾向スコアだけではなく,マハラノビスマッチングなど,個体間同士の近さを保証するマッチング手法の併用が必要となる.

5.1節の例5.1と例5.2でみたように,観察研究を近づける先の実験研究をどうとらえるかという視点もある.観察研究での処置群と対照群は本来ペアマッチさせたものではない.傾向スコアなどを用いてペアマッチさせたとしても,それを最初からペアマッチさせたものとみるのには若干の無理があるであろう.上述の例5.1および例5.2,あるいは2.2節の例2.4でみたように,ペアマッチさせたほうが処置効果の検定は有意になりやすい.しかし,有意であるからといって,それが真の処置効果であるかどうかは議論の余地がある.

以下では,傾向スコアマッチングが個体同士の距離の近さをどの程度達成しているかを簡単なモデルで確認する.

例 5.4 傾向スコアマッチングでの個体間の近さ　全部で m 個の共変量からなる共変量ベクトル $X=(X_1, ..., X_m)^T$ があり,簡単のためそれらはすべて2値(0または1)の値をとり,$P(X_k=1)=0.5$ ($k=1, ..., m$) で互いに独立とする.共変量ベクトルのとりうる異なる値は 2^m 通りであり,共変量の値がすべて同じかもしくは似通った個体の選択はきわめて困難である.

傾向スコアを
$$P(Z=1\mid X) = e(X) = (X_1 + \cdots + X_m)/m$$
とする.たとえば各 X_k はテストの項目であり正答率に応じて処置(たとえば奨学金の受領)の有無が決まる場合に相当する.処置群と対照群での傾向スコアの値および,処置の有無ごとの傾向スコアの分布はそれぞれ図5.3 (a),(b)

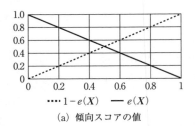
(a) 傾向スコアの値

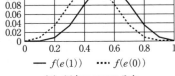
(b) 傾向スコアの分布

図5.3 傾向スコアの値と各群での傾向スコアの分布

のようである.

　処置群から選んだ個体と同じ傾向スコアをもつ対照群でのマッチング相手は,この設定では共変量の和が同じ個体ということになる.これらの個体はペアとしてみた場合どの程度似通っているであろうか.ここではそれを各 X_k の値の不一致度 D を用いて考察する.2個体 $X_i = (X_{i1}, ..., X_{im})$, $X_j = (X_{j1}, ..., X_{jm})$, $i \neq j$ に対し,それらの間の不一致度を $D = \sum_{k=1}^{m} |X_{ik} - X_{jk}|$ と定義する(5.3.2項の市街地距離).

　共変量での1の個数 r で条件を付けた場合の D の期待値は

$$E[D \mid r] = 2r(m-r)/m \tag{5.2}$$

であり,これを r の分布で平均すると

$$E[D \mid \text{matched}] = (m-1)/2 \tag{5.3}$$

となる(証明は以下).傾向スコアでマッチングせずにまったくランダムに2つの個体を選んだときの D の期待値は $E[D \mid \text{unmatched}] = m/2$ であるので,本設定での不一致度の観点からすると,傾向スコアによるマッチングでは,各個体そのものは,ランダムな選択よりは近いがそう顕著に近いとまではいいきれない.

(5.2) および (5.3) の証明 X_i には r 個の1と $(m-r)$ 個の0がある.$D = d$ であるとは,X_j における1が $(m-r)$ 個の0と $d/2$ 箇所で一致することであるので,この場合の確率分布は超幾何分布 $H(r, m-r, m)$ となる.その期待値は $E[D/2 \mid r] = r(m-r)/m$ であるので2倍して(5.2)を得る.また,r は二項分布 $B(m, 1/2)$ に従うことより

$$\begin{aligned} E[D \mid \text{matched}] &= \sum_{r=0}^{m} \frac{2r(m-r)}{m} \times \frac{m!}{r!(m-r)!} \left(\frac{1}{2}\right)^m \\ &= 2(m-1) \sum_{r=1}^{m-1} \frac{(m-2)!}{(r-1)!(m-r-1)!} \left(\frac{1}{2}\right)^m \\ &= \frac{m-1}{2} \sum_{s=0}^{m-2} \frac{(m-2)!}{s!(m-2-s)!} \left(\frac{1}{2}\right)^{m-2} = \frac{m-1}{2} \end{aligned}$$

と求められる(最後の等号は $B(m-2, 1/2)$ の全確率が1であることによる).ちなみに,r の値で条件を付けない D の期待値 $E[D \mid \text{unmatched}]$ は,各共変

量のペアで両者が一致しない確率は $1/2$ であり（期待値 $1/2$），それが m 個あることから $m/2$ となる．（証明終）

5.5.2 推奨手法

これまで述べたことをまとめ，実際にデータ解析に携わる統計家への指針を以下に示す（Stuart（2010）を参照）．

(i) マッチング変数を注意深く選ぶ．観察研究を実験研究に近づけるための条件は，強い意味での無視可能条件，すなわち，観測された共変量以外に割付けに影響する変量はないことが成り立つ必要がある．重要な変量をマッチング変数に含めない誤りのほうが余分な変量をマッチング変数に含める誤りよりも罪が重いことから，なるべく多くの変量をマッチング変数に含めたほうがよい．

(ii) 距離の推定をうまくする．傾向スコアの推定では，ロジスティック回帰や機械学習の方法などを用いる可能性も考慮する．重要な変量については，マハラノビス距離を導入するなど，特別の扱いをする必要もある．

(iii) 両群での分布の重なりの具合を確認する．推定対象が平均処置効果 ATE の場合は，たとえば傾向スコアの両群での重なりが相当あることが必要である．処置群での平均処置効果の推定では，処置群の分布が対照群での分布の中におおむね含まれている必要がある．

(iv) マッチング手法を適切に選ぶ．ATE の推定では，逆確率重み付け（IPW）法かフルマッチング．ATT の推定では，対照群の個体数が多い場合には，$1:k$ 非復元マッチングがわかりやすくてよい．

(v) 共変量のバランスを確かめる．バランスの悪い共変量がある場合には，その共変量を明示的に摘出してマハラノビス距離を定義するか，あるいは，その変量について高次の多項式や他の共変量との相関を考慮する．

(vi) マッチングにより両群間の共変量のバランスが良好であることが確認されたならば，実験研究と同じく通常の解析手法を用いて，データの分析を行う．

5.6 コホート研究でのマッチングのまとめ

　前向き研究（コホート研究）では，ある時点において処置を受けた個体の集まり（処置群）に対し，その処置のもたらす結果変数の値（病気の治癒・非治癒など）を時間を追って観測する一方，当該処置を受けていない個体をその比較相手として選択して対照群とし，同じく時間を追って結果変数の値を観測する．多くの場合，処置群での個体数は対照群の候補となる個体よりも少ない．したがって，処置群での個体と似通った個体を，処置を受けていない個体の集合からマッチングさせて選択することになる．

　この際，研究時点で結果変数の値や共変量がまだわかっていない場合とすでにわかっている場合とがある．前者では，比較可能性を高めるため，あるいはコスト削減のためにマッチングを行う．また後者では，すでに結果がわかっているので，両群間での比較可能性を高める目的のためにマッチングが行われる．しかしその場合，マッチングには結果変数の値あるいは処置に影響された変数を用いてはならない．5.1節で述べたように，マッチングは計画段階での手法であり，すべての実験研究がそうであるように，計画段階では結果変数や処置に影響された変数は観察されていないのであるから，それをマッチングに用いるべきではない．また，ここでの前向き研究と第9章で述べる後ろ向きのケース・コントロール研究と混同してはならないというのも，いくつかの論文で繰り返されている重要な指摘である．

　コホート研究におけるマッチングは次の手順で進めるのがよい．

(1) 研究の全体像を俯瞰する．研究の目的，予算，時間などの条件で何ができるかを考える．研究の目的が処置効果の推定であるならば，処置群および対照群の候補となる被験者の集合を特定する．

(2) マッチング変数をとりあえず選ぶ．その際，その変数は処置の選択および結果変数の両方に関係のあるものとすべきである（いわゆる交絡変数）．

(3) マッチング変数の数が少なく，マッチング変数の値が同じとなる個体がある程度の個数ある場合にはそれらを用いてマッチングすればよい．マッチング変数の個数が多い場合には，傾向スコアの推定を行う．

(4) 特定した処置群および対照群の候補を用いて，傾向スコアを推定する．ロジスティック回帰が用いられることが多いが，それ以外にも機械学習の諸手法をはじめ，使えるものは使うのが望ましい．傾向スコア推定のための説明変数はなるべく多く取り入れるのがよい．変数を絞りすぎて重要な変数を落とす誤りを防ぐためである（強い意味での無視可能条件が成り立たなくてはいけない）．

(5) 傾向スコアの推定結果をチェックする．その際のチェック項目としては両群における共変量のバランスが重要である．

(6) 共変量にインバランスが生じている場合には，その偏りのある変数の非線形変換，他の変数とのかけ算の項などを取り入れ，試行錯誤的にバランスされるようにする．

(7) 傾向スコアの分布の両群での重なり具合をチェックする．平均値だけでなく分布の全体をグラフ的にチェックするのがよい．重なりがあまりにも少ないのであれば，そのデータから処置効果を推定するのは難しい．

(8) 距離の尺度を考える．傾向スコアのみとするのか，いくつかの共変量をマハラノビスの距離として取り入れるか，カリパーを設定するかしないか．カリパーは傾向スコアで設定してもよいし，マハラノビスの距離で設定することもできる．いずれにせよ，これ以上遠いものは採用しないとの尺度であるので，研究者が自らの責任で設定すべきである．

(9) マッチング法（$1:1$ か $1:k$ か，あるいはフレクシブルに k を変えるか，復元か非復元か）など，マッチングのためのソフトウェアは多く存在するのでそれらを使用するのが望ましい．

(10) とにかく試行し，どこかに瑕疵があるようであれば上述のいずれかの段階に戻ってやり直す．

上で示したように，とりあえずとか，やってみるといった部分が多い．すなわち，こうすべきという決まったルールはないのが現状である．マッチングの役割は比較可能なデータセットを再構築することにあるとの Ho, et al. (2007) の考えに従えば，処置群と対照群の個体が特定されて解析用のデータセットが再構成されたならば，それらを用いて通常の統計解析を行えばよい．

Chapter 6

層化解析法

　共変量（交絡要因）の影響を排除して，処置効果を偏りなく推定するための手法として，観測値をいくつかの層に分類して解析する層化解析法がある．調整すべき共変量が少ない場合には，標準化法と呼ばれる手法が適用できるが，共変量の個数が多い場合には，傾向スコアによる層化に基づく解析が有効である．

6.1 層化解析と標準化法

　交絡因子で層に分ける（stratify）ことにより，その因子の影響を除去することができる．その際，各層内での個体はなるべく均一であることが望ましい．層化した後に層ごとに平均値などを求め，それらを統合して全体での推定値を得る．この方法を層化解析法（stratification，層別解析法）あるいは小分類法（subclassification，細分類法）という．ここでは，ある結果変数 Y の平均値の処置群と対照群の間での比較を目的とし，簡単のため交絡因子は1つのみとし，それを X とする．疫学研究では，交絡因子 X として年齢がとられることが多い．

6.1.1 標準化法

　交絡因子 X の値により観測値を K 個の層（strata）に分類する．第 k 層における処置群（$Z=1$）および対照群（$Z=0$）での結果変数の平均値をそれぞれ $\bar{Y}_1^{(k)}$, $\bar{Y}_0^{(k)}$ とし，処置群および対照群の各個体が第 k 層に属する比率をそれぞれ $p_1^{(k)}$, $p_0^{(k)}$ とする（$k=1, ..., K$）．処置群および対照群でそれぞれ N_1, N_0 個の個体が観測され，それらが第 k 層に属する個体数をそれぞれ $n_1^{(k)}$, $n_0^{(k)}$ とすると

($n_1^{(1)} + \cdots + n_1^{(K)} = N_1$, $n_0^{(1)} + \cdots + n_0^{(K)} = N_0$), $p_1^{(k)} = n_1^{(k)}/N_1$, $p_0^{(k)} = n_0^{(k)}/N_0$ である．
また，各群の結果変数の平均値をそれぞれ

$$\overline{Y}_1 = \sum_{k=1}^{K} p_1^{(k)} \overline{Y}_1^{(k)}, \quad \overline{Y}_0 = \sum_{k=1}^{K} p_0^{(k)} \overline{Y}_0^{(k)} \tag{6.1}$$

とする．処置効果を評価したい母集団を標準母集団（standard population）とし，標準母集団における各層での個体の比率（所属率）を $q^{(1)}, ..., q^{(K)}$ とする（表6.1）．ここでの目的は，得られたデータから標準母集団での処置効果 τ_S の推定である．すなわち，得られたデータがすべて標準母集団に属するとしたときの平均因果効果が推定対象となる．

表6.1 各層と全体での記号の定義

	層	1	2	⋯	K	全体
標準母集団	比率	$q^{(1)}$	$q^{(2)}$	⋯	$q^{(K)}$	1
処置群	比率	$p_1^{(1)}$	$p_1^{(2)}$	⋯	$p_1^{(K)}$	1
($Z=1$)	平均値	$\overline{Y}_1^{(1)}$	$\overline{Y}_1^{(2)}$	⋯	$\overline{Y}_1^{(K)}$	$\overline{Y}_1$
対照群	比率	$p_0^{(1)}$	$p_0^{(2)}$	⋯	$p_0^{(K)}$	1
($Z=0$)	平均値	$\overline{Y}_0^{(1)}$	$\overline{Y}_0^{(2)}$	⋯	$\overline{Y}_0^{(K)}$	$\overline{Y}_0$

平均処置効果 $\tau_{(S)}$ の推定値としては，両群の全体の平均値 (6.1) から計算した単純な差 $\tilde{\tau}_{(S)} = \overline{Y}_1 - \overline{Y}_0$ には，処置群および対照群での各層での比率 $p_1^{(k)}$, $p_0^{(k)}$ が異なるためバイアスが生じる．ここで，下付き添え字の (S) は標準母集団を表す（以下同様）．それに対し，層ごとに計算した差 $\hat{\tau}^{(k)} = \overline{Y}_1^{(k)} - \overline{Y}_0^{(k)}$ は，層内での個体が一様であれば，第 k 層での層内平均処置効果としては X に起因するバイアスはもたない．表 6.1 に与えられている処置群および対照群のデータを，標準母集団からのランダムサンプルとみなすためには，各群の層内での比率を標準母集団での比率に置き換えればよい．すなわち，

$$\overline{Y}_{1(S)} = \sum_{k=1}^{K} q^{(k)} \overline{Y}_1^{(k)}, \quad \overline{Y}_{0(S)} = \sum_{k=1}^{K} q^{(k)} \overline{Y}_0^{(k)} \tag{6.2}$$

である．これにより標準母集団での平均因果効果の推定値は

$$\hat{\tau}_{(S)} = \overline{Y}_{1(S)} - \overline{Y}_{0(S)} = \sum_{k=1}^{K} q^{(k)} \left(\overline{Y}_1^{(k)} - \overline{Y}_0^{(k)} \right) \tag{6.3}$$

と推定される．この推定法を標準化法（standardization）という（直接標準化

法（direct standardization）ともいう）．3.4.2 項で述べた標準化法は，その特別な場合である．

標準母集団として処置群あるいは対照群をとることもできる．すなわち，すべての観測値が処置群に割付けられたとした場合の処置群での平均処置効果（3.1.2 項の（3.6）で定義される ATT の τ_T），もしくはすべての観測値が対照群に割付けられたとした場合の対照群での平均処置効果（（3.7）の ATC の τ_C）を推定対象とする．その場合は，処置群のデータを対照群の比率で重み付き平均をとったものを

$$\overline{Y}_{1(C)} = \sum_{k=1}^{K} p_0^{(k)} \overline{Y}_1^{(k)} \tag{6.4a}$$

とし，対照群のデータを処置群の比率で重み付き平均をとったものを

$$\overline{Y}_{0(T)} = \sum_{k=1}^{K} p_1^{(k)} \overline{Y}_0^{(k)} \tag{6.4b}$$

として，処置群を標準とした場合は

$$\hat{\tau}_T = \overline{Y}_1 - \overline{Y}_{0(T)} \tag{6.5}$$

とし，対照群を標準とした場合は

$$\hat{\tau}_C = \overline{Y}_{1(C)} - \overline{Y}_0 \tag{6.6}$$

となる．(6.4)，(6.5)，(6.6) での括弧付きの下付き添え字の（T）または（C）は，標準母集団としてそれぞれ処置群あるいは対照群とした場合の平均値を表す．

例 6.1 　**喫煙と死亡率**　表 6.2 は英国の医者の喫煙群（$Z=1$）および非喫煙群（$Z=0$）に対し，心臓病での死亡数を調査したものである（Rothman, et al.（2008），Table 15.2 を参照）．調査対象の年齢別に 5 つの層に分け，各層での平均値（10000 人当たりの死亡数），比率（層での被験者の率）を示したものである．(6.2) の各群で単純な平均値は $\overline{Y}_1 = 44.29$，$\overline{Y}_0 = 25.75$ であるが，表からわかるように喫煙群のほうに高齢者がやや多いため，単純な平均値の比較 $\tilde{\tau} = \overline{Y}_1 - \overline{Y}_0 = 44.29 - 25.75 = 18.54$ では，年齢が交絡因子となって結果にバイアスをもたらしている．

ここでは標準母集団を喫煙群とする．すなわち，非喫煙群の各対象者が全員

表 6.2 年齢を層としたデータ

	層 年齢	1 35-44	2 45-54	3 55-64	4 65-74	5 75-84	計
喫煙群 (1)	比率	0.37	0.30	0.20	0.09	0.04	1
	平均値	6.11	24.05	72.00	146.88	191.84	44.29
非喫煙群 (0)	比率	0.48	0.27	0.15	0.07	0.04	1
	平均値	1.06	11.24	49.04	108.32	212.04	25.75
標準化 (1)	平均値	0.39	3.42	9.86	9.64	7.93	31.24

喫煙群であったならば死亡率はどのように変化するかをみる．そのために (6.4b) の $\overline{Y}_{0(T)}$ を求めると，

$$\overline{Y}_{0(T)} = \sum_{k=1}^{K} p_1^{(k)} \overline{Y}_0^{(k)}$$
$$= 0.37 \times 1.06 + 0.30 \times 11.24 + 0.20 \times 49.04 + 0.09 \times 108.32 + 0.04 \times 212.04$$
$$= 31.24$$

となり，(6.5) より $\hat{\tau}_T = \overline{Y}_1 - \overline{Y}_{0(T)} = 44.29 - 31.24 = 13.06$ を得る．すなわち非喫煙者が全員喫煙であり，年齢のみが交絡因子であったとすると，喫煙による死亡率の増加は 10000 人当たり約 13 人となる．

例 6.2 チリソースと血圧　チリソースは辛いため，その摂取が血圧値に影響を及ぼすかどうかが米国で調査された．人種（メキシカン：1，ホワイト：2，アフリカン：3）ごとに収縮期血圧（最高血圧）が測定され，表 6.3 のように集計された（Woodward (2014), Table 9.23 を参照）．単純な平均値の差は $131.70 - 127.35 = 4.35$ であるが，これは人種（層）の効果を考慮していない．層ごとに平均値を求め，標準集団を観測値全体とした標準化法として，層の合計人数の比率を重みとした重み付け平均を求めると，

$$\hat{\tau} = 5.5 \times \frac{4}{36} + 5.0 \times \frac{12}{36} + 6.2 \times \frac{20}{36} = 5.72$$

となり，単純な平均値差は処置効果の過小評価になっていることがわかる．

6.1 層化解析と標準化法

表6.3 チリソースの摂取と収縮期血圧（層化解析法）

	層	1	2	3	計
処置群	個体数	2	4	4	10
	平均値	128.5	129.5	135.5	131.70
対照群	個体数	2	8	16	26
	平均値	123	124.5	129.3	127.35
	個体数計	4	12	20	36
	平均値差	5.5	5.0	6.2	5.72

6.1.2 層の数とバイアスの除去率

層化解析法では，層の数をいくつにするのかの選択がある．層内では個体がなるべく均一であるのがよいことから，層内でのばらつきを抑えるため層の数を多くするのが望ましくもある．しかし層の数が多いと，各層内の個体数が少なくなるため，平均値などの推定精度が悪くなる．なお，各層内に処置群と対照群の個体を1つずつ含む場合が第5章で扱ったマッチングである．

層の数とバイアスの除去率の関係についてはCochran（1968）の研究があり，ここではそれを紹介する．処置群および対照群での結果変数 Y_1, Y_0 と共変量 x_1, x_0 の関係を

$$Y_1 = \alpha_1 + u(x_1) + \varepsilon_1 \tag{6.7a}$$
$$Y_0 = \alpha_0 + u(x_0) + \varepsilon_0 \tag{6.7b}$$

とする．ここで ε_1, ε_0 はそれぞれ互いに独立で平均が0の確率変数である．このとき，処置効果は $\tau = \alpha_1 - \alpha_0$ である．層化しない場合の Y の両群での標本平均の期待値（6.1）はそれぞれ $E[\overline{Y}_1] = \alpha_1 + \overline{u}_1$, $E[\overline{Y}_0] = \alpha_0 + \overline{u}_0$ となる．ここで $\overline{u}_1$, $\overline{u}_0$ はそれぞれ $u(x_1)$, $u(x_0)$ の平均値である．これより，層化しない場合の単純な平均値の差 $\tilde{\tau} = \overline{Y}_1 - \overline{Y}_0$ のバイアスは $\overline{u}_1 - \overline{u}_0$ となる．層化した場合の第 k 層での共変量 $u(x_1^{(k)})$, $u(x_0^{(k)})$ の条件付き平均をそれぞれ $\overline{u}_1^{(k)}$, $\overline{u}_0^{(k)}$ とすると，各層での重みを $w^{(k)}$ として，重み付き平均の期待値は

$$E[\overline{Y}_{1(W)} - \overline{Y}_{0(W)}] = E\left[\sum_{k=1}^{K} w^{(k)} \{\overline{Y}_1^{(k)} - \overline{Y}_0^{(k)}\}\right] = \sum_{k=1}^{K} w^{(k)} \{\overline{u}_1^{(k)} - \overline{u}_0^{(k)}\}$$

となる．この重み付き平均によって除去されるバイアスの相対値は

$$1 - \frac{1}{\bar{u}_1 - \bar{u}_0} \sum_{k=1}^{K} w^{(k)} \left\{ \bar{u}_1^{(k)} - \bar{u}_0^{(k)} \right\} \tag{6.8}$$

である.

　Cochran (1968) は，各群での共変量 x_1, x_0 の分布をそれぞれ $N(0, \sigma^2)$，$N(\theta, \sigma^2)$ とし，(6.7a, b) の回帰部分を線形として，(6.8) のバイアスの除去率を求めている．それによると，バイアスの除去率は θ/σ の値にはほぼ無関係に，$K=2$ では 63%，$K=3$ では 79%，$K=4$ では 86%，$K=5$ では 90%，$K=6$ では 92% となっている．Cochran (1968) は，x_1, x_0 の分布が正規分布でない場合などを広範に調べ，バイアスの除去率はこれらと大きく変わらないことを示している.

　この結果は，Cox (1957) の連続変量を K 個の小区間に分割した場合に保たれる情報の量とほぼ一致している．Cochran (1968) でも引用されている Cox (1957) の与えた表は表 6.4 のようである．表 6.4 には，層の数 K ごとに，離散化によっても保たれる情報の量が最大となる各層のパーセンテージとそのときのバイアスの除去率，および各層のパーセンテージを等しくしたときのバイアスの除去率が与えられている．連続変量の離散化によって失われる情報は各層内での変量のばらつきであり，これは層化による各層の重み付き平均によっても除去しきれないばらつきの原因であることから，両者は一致する．そして表 6.4 からわかることは，バイアス除去の意味で最適な層化は各層のパーセンテージが等しいものではないこと，および仮にそれらを等しくしてもバイアスの除去率はほぼ変わらないことである.

表 6.4　最適な離散化とバイアスの除去率

層の数	最適なパーセンテージ	バイアス除去率	等比率の場合
2	50%；50%	63.7%	63.7%
3	27%；46%；27%	81.0%	79.3%
4	16%；34%；34%；16%	88.2%	86.1%
5	11%；24%；30%；24%；11%	92.0%	89.7%
6	7%；18%；25%；25%；18%；7%	94.2%	91.9%

　以上の結果を踏まえ，Rosenbaum and Rubin (1983a) では，層の数を 5 とすればバイアスの 90% は除去できるとして，とりあえずの選択として $K=5$ を

推奨している．

6.2 傾向スコアによる層化解析

交絡因子が1つないしはごく少数個のときは，6.1節のように層別した後の標準化法の適用によりバイアスの大部分が除去できる．しかし，共変量 X の個数が多いと層別は困難になる．その場合，第4章で導入した傾向スコアが威力を発揮する．

6.2.1 傾向スコアと層化

処置群の個体が m 個，対照群の個体が n 個あったとすると，これら $m+n$ 個の個体を傾向スコアの値により表6.1のように K 個の層に分ける．このとき，層の数と各層のパーセンテージを定める必要があるが，その目安は6.1.2項の表6.4の最適なパーセンテージとバイアスの除去率である．ただし，6.1.2項で述べたように，層の数は $K=5$ 程度とすればよいこと，および各層のパーセンテージは多少異なっても結果に大きな影響を与えないことから，あまり神経質になる必要もない．

層のパーセンテージの決め方として，(a) 両群の観測値数 $m+n$ を基に各層のパーセンテージを定める，(b) 処置群の観測値数 m を基に各層のパーセンテージを定める，(c) 対照群の観測値数 n を基に各層のパーセンテージを定める，の間の選択がある．(a) では，3.1節で述べた母集団全体の平均処置効果 ATE の推定，(b) では処置群での平均処置効果 ATT の推定，(c) では対照群での平均処置効果の ATC の推定を企図していることになる．その際，各層でのパーセンテージがあまり小さくならないよう注意すべきである．観測値数が少ないと，層ごとの平均の推定精度が悪くなる．

この段階で，両群における傾向スコアの分布の重なり具合の様子をみてとることができる．重なり具合が大きくないと，パーセンテージの小さな層ができてしまうし，その場合にパーセンテージを確保しようとすると，層内での傾向スコアの値の開きが大きくなってしまう．いずれにせよ重なり具合が小さい場合には，共変量によって両群が分離されてしまっていて，処置効果の推定はう

まくいかないことになる.

　傾向スコアによる層化解析は，層化する段階は結果変数の観測以前という意味で計画段階の手法であると位置付けられる．しかし，層化した後に各層の比率を基に結果変数に基づく処置効果の推定もすることから，解析段階での手法であるということもできる．傾向スコアを用いた層化解析法について詳しくは，Rosenbaum and Rubin (1984), D'Agostino (1998), Lunceford and Davidian (2004) などを参照されたい.

6.2.2　計算例

　ここでは，例 4.1 で示した数値を基に，層化解析法の計算例をみる.

例 6.3　**例 4.1 の続き**　例 4.1 で，奨学金貸与の効果をみるため，奨学金の有無が年度末試験の点数 Y に反映されたかどうかを調べる．ここでは，すべての学生が奨学金を得た場合の効果，すなわち ATT を推定する.

　課題の得点が T で，奨学金に採用された学生は年度末試験において $Y_1 = 35 + 5T$ の点数をとり，奨学金に採用されなかった学生は $Y_0 = 30 + 5T$ の点数をとるとする．すなわち，奨学金の処置効果は $\tau = 5$ である．表 6.5 は表 4.1 の各確率に年度末試験の点数を加えたものである．両群の層化しない単純な平均値は

$$\overline{Y}_1 = 0.009 \times 35 + 0.056 \times 40 + \cdots + 0.065 \times 65 = 52.5$$
$$\overline{Y}_0 = 0.065 \times 30 + 0.167 \times 35 + \cdots + 0.009 \times 60 = 42.5$$

と 10 点の開きがあると計算される．奨学金群のほうが課題の点数がよいためこのような結果となり，バイアスは $10 - 5 = 5$ 点である.

　この場合，傾向スコアは 7 種類の値しかとらないため，層を 7 つにとれば，バイアスは完全に除去できる．表 6.5 でみるように，各層での条件付き期待値の差はすべて 5 であり，処置群での確率を重みとして求めた重み付き平均は

$$\hat{\tau}_T = 0.009 \times 5 + 0.056 \times 5 + \cdots + 0.065 \times 5 = 5$$

となり，確かにバイアスが除去されていることがわかる.

　より実際的に，採用群での傾向スコア $e(X)$ の値が 0.125, 0.250, 0.375 のものを層 1, $e(X) = 0.500$ を層 2, $e(X) = 0.625$ を層 3, $e(X)$ が 0.750 と 0.875 を層 4 として計算すると表 6.6 のようになる．処置群での確率を重みとして求め

表 6.5 奨学金の採用群・被採用群の学期末試験の点数

$e(X)$	確率		平均値		
	採用群	不採用群	採用群	不採用群	差
0.125	0.009	0.065	35	30	5
0.250	0.056	0.167	40	35	5
0.375	0.167	0.278	45	40	5
0.500	0.259	0.259	50	45	5
0.625	0.278	0.167	55	50	5
0.750	0.167	0.056	60	55	5
0.875	0.065	0.009	65	60	5

表 6.6 層の数を 4 とした場合のデータ

層	確率		平均値		
	採用群	不採用群	採用群	不採用群	差
1	0.231	0.509	43.4	37.1	6.31
2	0.259	0.259	50.0	45.0	5.00
3	0.278	0.167	55.0	50.0	5.00
4	0.231	0.065	61.4	55.7	5.69

た重み付き平均は

$$\tilde{\tau} = 0.231 \times 6.31 + 0.259 \times 5 + 0.278 \times 5 + 0.231 \times 5 = 5.69 = 5.46$$

となり，大部分のバイアスは除去されたが，多少のバイアスは残っている．これは，層 1 と層 4 の中での傾向スコアの若干の不均一性に起因するものである．しかし，層化しない場合の推定値 $\tilde{\tau} = 10$ に比べ，格段の改善となっている．

Chapter 7

重み付け法

　平均処置効果の推定法として重み付け法がある．これは，標本調査における抽出確率の逆数を用いる方法と類似で，処置への割当て確率の逆数を用いるため，逆確率重み付け法とも呼ばれる．本章では，傾向スコアの逆数を用いる方法，およびそれを発展させた二重にロバストな推定法を述べる．

7.1　逆確率重み付け法

　処置群と対照群の個体がそれぞれ K 個の層に分けられ，各層での個体数および層内での平均値が表7.1のように与えられているとする．第 k 層での処置群の個体比率を $q_1^{(k)} = n_1^{(k)}/n^{(k)}$ とし，対照群の個体比率を $q_0^{(k)} = n_0^{(k)}/n^{(k)} = 1 - q_1^{(k)}$ としたとき $(k=1, ..., K)$，$n_1^{(1)}/q_1^{(1)} + \cdots + n_1^{(K)}/q_1^{(K)} = n_0^{(1)}/q_0^{(1)} + \cdots + n_0^{(K)}/q_0^{(K)} = N$ であることに注意すると

$$\hat{\tau}_T = \frac{1}{N}\sum_{k=1}^{K} n_1^{(k)} \times \frac{\overline{Y}_1^{(k)}}{q_1^{(k)}}, \quad \hat{\tau}_C = \frac{1}{N}\sum_{k=1}^{K} n_0^{(k)} \frac{\overline{Y}_0^{(k)}}{q_0^{(k)}} \tag{7.1}$$

は，処置群および対照群での各層の個体比率の逆数を重みとした平均処置効果

表7.1　各層と全体での記号の定義

	層	1	2	⋯	K	全体
処置群	個体数	$n_1^{(1)}$	$n_1^{(2)}$	⋯	$n_1^{(K)}$	N_1
$(Z=1)$	平均値	$\overline{Y}_1^{(1)}$	$\overline{Y}_1^{(2)}$	⋯	$\overline{Y}_1^{(K)}$	$\overline{Y}_1$
対照群	個体数	$n_0^{(1)}$	$n_0^{(2)}$	⋯	$n_0^{(K)}$	N_0
$(Z=0)$	平均値	$\overline{Y}_0^{(1)}$	$\overline{Y}_0^{(2)}$	⋯	$\overline{Y}_0^{(K)}$	$\overline{Y}_0$
計	個体数	$n^{(1)}$	$n^{(2)}$	⋯	$n^{(K)}$	N

の推定値を与える．この計算法を逆確率重み付け（inverse probability weighting：IPW）法という．これは第6章で扱った標準化法で層の合計数を標準としてとったものに相当する．

例 7.1 例 6.2 の続き　例 6.2 では，チリソースが収縮期血圧に与える影響を 3 つの層（人種）で調査した結果に対し，層化による標準化法を適用し，平均処置効果として $\hat{\tau}=5.72$ を得た．ここではそのデータに対し，層の比率の逆数を重みとした逆確率重み付け法を適用する．計算のための表は表 7.2 である．

処置群での各層の比率は $q_1^{(1)} = 2/(2+2) = 0.5$，$q_1^{(2)} = 4/(4+8) = 0.33$，$q_1^{(3)} = 4/(4+16) = 0.2$ であり，対照群での各層の比率は $q_0^{(1)} = 2/(2+2) = 0.5$，$q_0^{(1)} = 8/(4+8) = 0.67$，$q_0^{(2)} = 16/(4+16) = 0.8$ である．$2/q_1^{(1)} + 4/q_1^{(2)} + 4/q_1^{(3)} = 2/q_0^{(1)} + 18/q_0^{(2)} + 16/q_0^{(3)} = 36$ である．各群での重み付き平均を求めると，

$$\hat{\tau}_1 = \frac{1}{36}\left(2 \times \frac{128.5}{0.5} + 4 \times \frac{129.5}{0.33} + 4 \times \frac{135.5}{0.2}\right) = 132.16$$

および

$$\hat{\tau}_0 = \frac{1}{36}\left(2 \times \frac{123.0}{0.5} + 8 \times \frac{124.5}{0.67} + 16 \times \frac{129.3}{0.8}\right) = 127.00$$

となり，平均処置効果は $\hat{\tau} = 132.72 - 127.00 = 5.72$ と例 6.2 で求めた値と同じになる．

表 7.2　チリソースと血圧値（逆確率重み付け法）

		層 1	2	3	計
処置群	個体数	2	4	4	10
	平均値	128.5	129.5	135.5	131.70
対照群	個体数	2	8	16	26
	平均値	123.0	124.5	129.3	127.35
計	個体数	4	12	20	36

7.2 傾向スコアの逆数の重み付け

　傾向スコア（第4章を参照）$e(X)$ は，共変量の値が X の個体が処置群に割付けられる確率 $e(X) = P(Z=1 \mid X)$ として定義される．なお，傾向スコアは強い意味での無視可能な割付け条件（4.1節の条件4.1）を満たすとする．

　処置群 G_1 で共変量 X をもつ個体の結果変数の観測値を $Y_1(X)$ とし，対照群 G_0 で同じ共変量 X をもつ個体の結果変数の観測値を $Y_0(X)$ とする．この共変量 X をもつ個体がすべて処置群であったとすると，$Y_1(X)$ が観測される個体数は，処置群の1個体につき $1/e(X)$ 個の個体となる．同様に，共変量 X をもつ個体がすべて対照群であったとすると，$Y_0(X)$ が観測される個体数は，対照群の1個体につき $1/\{1-e(X)\}$ 個体となる．したがって，観測された個体すべてが処置群に割付けられたとすると，処置群での各観測値を，実際の観測値 $Y_1(X)$ に傾向スコア $e(X)$ の逆数をかけた $Y_1(X)/e(X)$ とみなせばよい．同様に，観測された個体すべてが対照群に割付けられたとすると，対照群での観測値を，実際の観測値 $Y_0(X)$ に対照群への割付け確率，すなわち $1-e(X)$ の逆数をかけた $Y_0(X)/\{1-e(X)\}$ とみなせばよい．

　たとえば，同じ X および潜在的な結果変数 $\{Y(1 \mid X), Y(0 \mid X)\}$ をもつ個体10個が，処置群に7個，対照群に3個ランダムに割付けられたとすると（$e(X) = 0.7$），処置群で実際に観測される7個の結果変数の値 $Y_1(X)$ に対しては $\{Y_1(X) \times 7\}/0.7 = Y_1(X) \times 10$ となり，対照群で実際に観測される3個の結果変数の値 $Y_0(X)$ に対しては $\{Y_0(X) \times 3\}/0.3 = Y_1(X) \times 10$ となって，それらの間の比較は

$$\frac{Y_1(X) \times 7}{0.7} - \frac{Y_0(X) \times 3}{0.3} = \{Y_1(X) - Y_0(X)\} \times 10$$

となる．割付けがランダムであればこれらは潜在的な結果の推定値を与えることから $\{Y(1 \mid X) - Y(0 \mid X)\} \times 10$ と，潜在的な結果間の比較すなわち個体処置効果を推定していることになる．

　第 i 個体の割付けを表すダミー変数を Z_i（1：処置，0：対照）とすると，傾向スコアの逆数をかけた擬似的な観測値を用いて，平均処置効果の推定値を

7.2 傾向スコアの逆数の重み付け

$$\hat{\tau} = \frac{1}{N}\sum_{i \in G_1}\frac{Y_1(X_i)}{e(X_i)} - \frac{1}{N}\sum_{i \in G_0}\frac{Y_0(X_i)}{1-e(X_i)}$$
$$= \frac{1}{N}\sum_{i=1}^{N}\frac{Z_i Y(X_i)}{e(X_i)} - \frac{1}{N}\sum_{i=1}^{N}\frac{(1-Z_i)Y(X_i)}{1-e(X_i)} \quad (7.2)$$

によって求めることができる．この方法を傾向スコアの逆数の重み付け推定量という．あるいは除数を N ではなく，傾向スコアの逆数の重みの和

$$W_1 = \sum_{i \in G_1}\frac{1}{e(X_i)}, \quad W_0 = \sum_{i \in G_0}\frac{1}{1-e(X_i)}$$

として，

$$\hat{\tau}^* = \frac{1}{W_1}\sum_{i \in G_1}\frac{Y_1(X_i)}{e(X_i)} - \frac{1}{W_2}\sum_{i \in G_0}\frac{Y_0(X_i)}{1-e(X_i)} \quad (7.3)$$

とする提案もなされている．(7.3) のほうが，傾向スコアの逆数で重み付けしているという意味がわかりやすく，加えて，(7.3) のほうが推定量の分散が小さくなるとの研究もある（星野（2009）を参照）．

傾向スコアは個体の処置群に割付けられる確率であるので，これらを IPW 推定量ともいう (Lunceford and Davidian, 2004)．この方法での注意事項としては，$e(X)$ あるいは $1-e(X)$ の値が小さいと重みがきわめて大きな値となり，推定結果が不安定になる点である．それを補うため，与えられる重みに上限を設ける提案もなされている．

傾向スコアの逆数を重みとする方法は，解析段階の手法であり，第 5 章のマッチング，第 6 章の層化が，結果変数の値が観測される前の計画段階での手法であるのとは様相を異にしている．しかし，6.2.1 項で述べたように，層化に基づく手法は，層化した後の処置効果の推定法にも用いられることから，解析段階の手法であるともいうことができ，事実，ここでの重み付け法と層化に基づく標準化法は数学的に同等であることから，計画段階と解析段階の両方に寄与する方法であるといえる．

また，第 5 章で述べたように，処置群の個体を基に対照群の個体をマッチングにより選択することは，重み付け法においてマッチングされる個体は重みが 1，マッチングされない個体は重みが 0 であることに相当していることから，マッチングはここでの重み付け法の特別な場合，換言すれば重み付け法はマッチ

例 7.2　例 6.1 の続き　例 6.1 では，例 4.1 のデータにつき，層化法により処置効果の推定を行った．ここでは同じデータにつき，傾向スコアの逆数の重み付けによる推定値の計算を行う．傾向スコアの逆数は $1/0.125 = 8.000, ..., 1/0.875 = 1.143$ などである（表 7.2 の「重み」の列の値）．このとき，処置群および対照群での平均処置効果は，重み付けの結果変数の値 $Y_1(X_i)/e(X_i)$ および $Y_0(X_i)/\{1-e(X_i)\}$（表 7.3 の「重み付け平均値の列」の値）を用いて，

$$\hat{\tau}_1 = \frac{1}{2}\sum_i p_1(X_i) \times \frac{Y_1(X_i)}{e(X_i)} = \frac{1}{2}(0.009 \times 280.0 + \cdots + 0.065 \times 74.3) = 50.0$$

および

$$\hat{\tau}_0 = \frac{1}{2}\sum_i p_0(X_i) \times \frac{Y_0(X_i)}{1-e(X_i)} = \frac{1}{2}(0.065 \times 34.3 + \cdots + 0.009 \times 480.0) = 45.0$$

と求められる．これらの計算で和の前に $1/2$ の付いている理由は，$p_1(X)$ および $p_0(X)$ がそれぞれ各群での条件付き確率で，それらをすべて加えると 2 となることの調整である．なお，この例では各パターンの確率を用いているので上記の和の添え字 i は $e(X_i)$ の 7 種類のパターンにわたるものである．これより，平均因果効果は $\hat{\tau} = 50.0 - 45.0 = 5.0$ と偏りなく推定される．

表 7.3　傾向スコアの逆数の重み付け法

$e(X)$	確率		平均値		重み		重み付け平均値	
	採用群	不採用群	採用群	不採用群	採用群	不採用群	採用群	不採用群
0.125	0.009	0.065	35	30	8.000	1.143	280.0	34.3
0.250	0.056	0.167	40	35	4.000	1.333	160.0	46.7
0.375	0.167	0.278	45	40	2.667	1.600	120.0	64.0
0.500	0.259	0.259	50	45	2.000	2.000	100.0	90.0
0.625	0.278	0.167	55	50	1.600	2.667	88.0	133.3
0.750	0.167	0.056	60	55	1.333	4.000	80.0	220.0
0.875	0.065	0.009	65	60	1.143	8.000	74.3	480.0

7.3 二重にロバストな推定法

平均処置効果の推定値 (7.2) では，共変量 X を傾向スコアの推定にのみ用いていて，結果変数のモデル化には用いていない．これは，傾向スコアは研究の計画段階で用いるべしという考えにも通じるものである．しかし，現実のデータ解析では，共変量は結果変数にも影響を与えることから，結果変数のモデル化にも用いられる．すなわち，共変量 X を用いて，傾向スコアの推定モデルと結果変数の推定モデルの2つのモデルを構築することになる．

処置群および対照群での結果変数に関するモデルを

$$Y_1 = g_1(X), \quad Y_0 = g_0(X) \tag{7.4}$$

とする．そして，平均処置効果の推定値を

$$\begin{aligned}\hat{\tau}_{(\mathrm{DR})} =& \frac{1}{N}\sum_{i=1}^{N}\left\{\frac{Z_i Y(X_i)}{e(X_i)} - \frac{Z_i - e(X_i)}{e(X_i)} \times g_1(X_i)\right\} \\ &- \frac{1}{N}\sum_{i=1}^{N}\left\{\frac{(1-Z_i)Y(X_i)}{1-e(X_i)} + \frac{Z_i - e(X_i)}{1-e(X_i)} \times g_0(X_i)\right\}\end{aligned} \tag{7.5}$$

とする．処置群および対照群の結果変数の期待値をそれぞれ μ_1 および μ_0 とすると，平均処置効果は $\tau = \mu_1 - \mu_0$ であり，傾向スコアの推定モデルが正しければ $E[Z_i] = e(X_i)$ であって，

$$\begin{aligned}E[\hat{\tau}_{(\mathrm{DR})}] =& \frac{1}{N}\sum_{i=1}^{N}\left\{\frac{E[Z_i Y(X_i)]}{e(X_i)} - \frac{E[Z_i] - e(X_i)}{e(X_i)} \times g_1(X_i)\right\} \\ &- \frac{1}{N}\sum_{i=1}^{N}\left\{\frac{E[(1-Z_i)Y(X_i)]}{1-e(X_i)} + \frac{E[Z_i] - e(X_i)}{1-e(X_i)} \times g_0(X_i)\right\} \\ =& \frac{1}{N_1}\sum_{i \in G_1} E[Y_1(X_i)] - \frac{1}{N_0}\sum_{i \in G_0} E[Y_0(X_i)] \\ =& \mu_1 - \mu_0 = \tau\end{aligned}$$

となる．一方，結果変数の推定モデルが正しければ $E[ZY(X)] = E[Y_1(X)] = g_1(X)$, $E[(1-Z)Y(X)] = E[Y_0(X)] = g_0(X)$ であるので，

$$E[\hat{\tau}_{(DR)}] = \frac{1}{N}\sum_{i=1}^{N}\left\{\frac{E[Z_i Y(X_i)]}{e(X_i)} - \frac{Z_i - e(X_i)}{e(X_i)} \times g_1(X_i)\right\}$$

$$- \frac{1}{N}\sum_{i=1}^{N}\left\{\frac{E[(1-Z_i)Y(X_i)]}{1-e(X_i)} + \frac{Z_i - e(X_i)}{1-e(X_i)} \times g_0(X_i)\right\}$$

$$= \frac{1}{N}\sum_{i \in G_1}\left\{\frac{g_1(X_i)}{e(X_i)} - \frac{1-e(X_i)}{e(X_i)} \times g_1(X_i)\right\}$$

$$- \frac{1}{N}\sum_{i \in G_0}\left\{\frac{g_0(X_i)}{1-e(X_i)} + \frac{-e(X_i)}{1-e(X_i)} \times g_0(X_i)\right\}$$

$$= \frac{1}{N}\sum_{i \in G_1} g_1(X_i) - \frac{1}{N}\sum_{i \in G_0} g_0(X_i) = \mu_1 - \mu_0 = \tau$$

となる.すなわち,傾向スコアの推定モデルもしくは結果変数の推定モデル(7.4)のいずれかが正しければ,(7.5)の推定量は平均処置効果の偏りのない推定量となる.この意味で,(7.5)を二重にロバストな(doubly robust:DR)推定量という.(7.5)の推定量の添え字に(DR)としたのはこの意味である.二重にロバストな推定量について,詳しくは,星野(2009),Bang and Robins(2005),Kang and Schafer(2007)を参照されたい.二重ロバスト性はややミステリアスな性質であり,Kang and Schafer(2007)はそれを意識した論文タイトルである.

　第4章では,傾向スコアを研究の計画段階での処置群と対照群間の比較可能性を高めるために用い,その後は通常の統計手法を用いるのがよいと述べたが,研究目的が平均因果効果の推定であるならば,本節での二重にロバストな推定量(7.2)もしくは(7.3)は有力な選択肢である.しかし,群間比較は平均因果効果の推定だけにとどまるものではなく,当該事象に関するいくつかの側面,何らかのパラメータに関する推測も視野に入っている場合には,傾向スコアは群間の比較可能性の担保にとどめるのがよいといえよう.

Chapter 8
操作変数法とノンコンプライアンス

　観察研究での因果推論では，交絡因子の影響をすべて取り除くことは不可能である．しかし，操作変数という変数が存在する場合にはそれが可能となる．操作変数法は計量経済学で発展した方法論であるが，近年，実験研究におけるノンコンプライアンスへの対処法としての応用もなされるようになってきた．本章では，ノンコンプライアンスへの対処法としての操作変数法を解説する．

8.1 操作変数の定義と性質

　観察研究では，処置の割付けと結果変数の両方に影響を与える交絡因子が不可避的に存在する．第3章の因果モデルでは，観測された共変量以外に観測されない交絡因子は存在しないとの条件（3.20）を置いた．しかし，これはデータでは検証不可能な条件であり，観測されない交絡因子が存在する可能性は常に否定できない．観測されない交絡因子への対処法として，計量経済学では古くから操作変数と呼ばれる変数が存在する場合には，それを用いることにより因果効果が偏りなく推定可能となるとの議論がなされ，1つの中心的な話題となってきた（たとえば大森ほか訳（2013），Greene（2008）などの計量経済学の書物を参照）．

　ところが近年，操作変数は実験研究におけるノンコンプライアンス，すなわち割付けられた処置を遵守しない場合の問題を解決するための1つの方法論としての研究が進み，実験研究分野での応用に供されるようになってきた．本節ではまず，計量経済学における操作変数の定義とその性質を述べ，ノンコンプライアンスへの適用は次節以降で述べる．

8.1.1 通常の最小2乗推定量

連続的な結果変数を Y とし,それを説明する説明変数 X は1つのみであるとする.このときの回帰モデルは

$$Y = \alpha + \beta X + \varepsilon \tag{8.1}$$

と書ける.ここで,β は X から Y を予測するときの回帰係数であり,共変量 X は確率変数でなく与えられた値,ε は $N(0, \sigma^2)$ に従う確率変数とする.n 組の互いに独立な観測データを (Y_i, X_i), $i = 1, ..., n$ とすると,回帰係数 β の通常の最小2乗推定量 (ordinary least squares (OLS) estimator) $\hat{\beta}_{\text{OLS}}$ は,$\overline{X}$ および $\overline{Y}$ をそれぞれの標本平均とし,s_X^2 を X の分散,s_{XY} を X と Y の共分散とすると

$$\hat{\beta}_{\text{OLS}} = \frac{\sum_{i=1}^{n}(X_i - \overline{X})(Y_i - \overline{Y})}{\sum_{i=1}^{n}(X_i - \overline{X})^2} = \frac{s_{XY}}{s_X^2} \tag{8.2}$$

で与えられ,その標本分散は

$$V[\hat{\beta}_{\text{OLS}}] = \frac{\sigma^2}{\sum_{i=1}^{n}(X_i - \overline{X})^2} = \frac{\sigma^2}{n s_X^2} \tag{8.3}$$

である.ε_i が X_i に影響を与えない(独立な)場合には,$\overline{Y} = \alpha + \beta \overline{X} + \overline{\varepsilon}$ であり,$E[X_i \varepsilon_i] = X_i E[\varepsilon_i] = 0$ であるので

$$E[\hat{\beta}_{\text{OLS}}] = E\left[\frac{\sum_{i=1}^{n}(X_i - \overline{X})\{\beta(X_i - \overline{X}) + (\varepsilon_i - \overline{\varepsilon})\}}{\sum_{i=1}^{n}(X_i - \overline{X})^2}\right]$$

$$= \beta + \frac{E\left[\sum_{i=1}^{n}(X_i - \overline{X})(\varepsilon_i - \overline{\varepsilon})\right]}{\sum_{i=1}^{n}(X_i - \overline{X})^2} = \beta + \frac{\sum_{i=1}^{n}(X_i - \overline{X})E[\varepsilon_i - \overline{\varepsilon}]}{\sum_{i=1}^{n}(X_i - \overline{X})^2} = \beta$$

と $\hat{\beta}_{\text{OLS}}$ の不偏性が示される.この不偏性の証明でのエッセンスは ε が X とは無関係に分布すること,すなわち

8.1 操作変数の定義と性質

$$E\left[\sum_{i=1}^{n}(X_i-\overline{X})(\varepsilon_i-\overline{\varepsilon})\right]=\sum_{i=1}^{n}(X_i-\overline{X})E[\varepsilon_i-\overline{\varepsilon}]=0$$

である．したがって，交絡因子があって X と ε の両方に影響を与え，X と ε の共分散が 0 でない場合には $\hat{\beta}_{\text{OLS}}$ に偏りが生じる．たとえば，$\varepsilon_i = U_i + \xi_i$ であり，U_i は X_i に影響を与え，ξ_i は $N(0, \sigma^2)$ に従い X_i と独立とすると

$$E[\hat{\beta}_{\text{OLS}}] = E\left[\frac{\sum_{i=1}^{n}(X_i-\overline{X})\{\beta(X_i-\overline{X})+(U_i-\overline{U})+(\xi_i-\overline{\xi})\}}{\sum_{i=1}^{n}(X_i-\overline{X})^2}\right]$$

$$= \beta + \frac{\sum_{i=1}^{n}\{(X_i-\overline{X})(U_i-\overline{U})+(X_i-\overline{X})E(\xi_i-\overline{\xi})\}}{\sum_{i=1}^{n}(X_i-\overline{X})^2}$$

$$= \beta + \frac{\sum_{i=1}^{n}(X_i-\overline{X})(U_i-\overline{U})}{\sum_{i=1}^{n}(X_i-\overline{X})^2} = \beta + \frac{s_{XU}}{s_X^2}$$

と最後の式の第 2 項がバイアス項となる．この項で s_{XU} は X と U の間の共分散であり，s_{XU}/s_X^2 は X から U への回帰式における回帰係数の推定値になっている（因果関係は $U \to X$ であるので，方向が逆であるが）．

8.1.2 操作変数推定量

操作変数は以下のように定義される．

定義 8.1 操作変数 変数 Z は以下の 3 条件を満足するとき，操作変数 (instrumental variable：IV) と呼ばれる．

(IV1) Z は X と Y の双方に影響を与えるすべての交絡因子 U と独立である．

(IV2) Z は X に影響を与える．

(IV3) Z は Y に対し X を通じてのみ影響を与え，直接は影響しない．

これらの条件のうち (IV2) は Z の X への因果的関係ではなく，単に

(IV2′) Z は X と関係する．

との弱い条件を想定する場合もある．(IV3) は，X が決まれば Z が何であれ結果 Y への影響は同じであることを意味し，除外制約（exclusive restriction）あるいは Z は Y への直接効果がない（no direct effect）仮定とも呼ばれる（Baiocchi, et al. (2014) などを参照）．

定義 8.1 の条件を 1.5 節で導入した矢線表示（DAG）すると，

$$Z \to X \overset{U}{\underset{\nwarrow \nearrow}{}} Y$$

となる．このとき，β の操作変数推定量（IV 推定量）は

$$\hat{\beta}_{\mathrm{IV}} = \frac{\sum_{i=1}^{n}(Z_i - \overline{Z})(Y_i - \overline{Y})}{\sum_{i=1}^{n}(Z_i - \overline{Z})(X_i - \overline{X})} = \frac{s_{ZY}}{s_{ZX}} \tag{8.4}$$

で与えられる．$\hat{\beta}_{\mathrm{IV}}$ の不偏性は，$E[Z_i \varepsilon_i] = Z_i E[\varepsilon_i]$ であるので

$$E[\hat{\beta}_{\mathrm{IV}}] = E\left[\frac{\sum_{i=1}^{n}(Z_i - \overline{Z})\{(\beta(X_i - \overline{X}) + (\varepsilon_i - \overline{\varepsilon})\}}{\sum_{i=1}^{n}(Z_i - \overline{Z})(X_i - \overline{X})}\right]$$

$$= \beta + \frac{\sum_{i=1}^{n}(Z_i - \overline{Z})E[\varepsilon_i - \overline{\varepsilon}]}{\sum_{i=1}^{n}(Z_i - \overline{Z})(X_i - \overline{X})} = \beta$$

と示される．このとき $\hat{\beta}_{\mathrm{IV}}$ の標本分散は

$$V[\hat{\beta}_{\mathrm{IV}}] = \frac{\sigma^2 \sum_{i=1}^{n}(Z_i - \overline{Z})^2}{\left\{\sum_{i=1}^{n}(Z_i - \overline{Z})(X_i - \overline{X})\right\}^2} = \frac{\sigma^2 s_Z^2}{n s_{ZX}^2} \tag{8.5}$$

で与えられる．X 自身が操作変数のときは，(8.4) および (8.5) の Z を X に置き換えるとそれぞれ (8.2) および (8.3) になる．

操作変数 Z が 1 または 0 の値をとるダミー変数の場合は，$p_1 = P(Z=1)$，$p_0 = P(Z=0) = 1 - p_1$ として

$$Cov[Z, Y] = E[ZY] - E[Z]E[Y]$$

8.1 操作変数の定義と性質

$$= p_1 E[Y \mid Z=1] - p_1(p_1 E[Y \mid Z=1] + p_0 E[Y \mid Z=0])$$
$$= p_1 p_0 (E[Y \mid Z=1] - E[Y \mid Z=0])$$

であり,

$$Cov[Z, Y] = p_1 p_0 (E[X \mid Z=1] - E[X \mid Z=0])$$

であるので,IV 推定量は

$$\hat{\beta}_{\mathrm{IV}} = \frac{\hat{E}(Y \mid Z=1) - \hat{E}(Y \mid Z=0)}{\hat{E}(X \mid Z=1) - \hat{E}(X \mid Z=0)} = \frac{\overline{Y}_1 - \overline{Y}_0}{\overline{X}_1 - \overline{X}_0} \tag{8.6}$$

となることが示される.ここで $\overline{Y}_z = \hat{E}[Y \mid Z=z]$, $\overline{X}_z = \hat{E}[X \mid Z=z]$ はそれぞれ $Z=z$ の下での Y および X の標本平均である.またその標本分散は (8.5) より

$$V[\hat{\beta}_{\mathrm{IV}}] = \frac{\sigma^2}{n(\overline{X}_1 - \overline{X}_0)^2} \tag{8.7}$$

となる.

X および Y も 2 値 (1, 0) の場合は,$E[Y] = P(Y=1)$ であるので,(8.6) は

$$\hat{\beta}_{\mathrm{IV}} = \frac{\hat{P}(Y=1 \mid Z=1) - \hat{P}(Y=1 \mid Z=0)}{\hat{P}(X=1 \mid Z=1) - \hat{P}(X=1 \mid Z=0)} \tag{8.8}$$

となることが示される.ここで $\hat{P}(A)$ は事象 A の確率 $P(A)$ の推定量(標本比率)である.このときの標本分散は,

$$V[\hat{\beta}_{\mathrm{IV}}] = \frac{p_1 p_0}{n(\overline{X}_1 - \overline{X}_0)^2} \tag{8.9}$$

となる.

標本分散 (8.5) の表現からわかるように,Z と X との関係が弱い,すなわち共分散 s_{ZX} が小さい場合には,IV 推定量の分散が大きくなり,精度のよい推定ができなくなる.このことを弱い操作変数(weak instrument)の問題という.したがって,操作変数として X との関係の強いものが選択されるか否かが重要となる.

操作変数 Z が存在する場合の回帰モデルは

$$\begin{cases} Y = \alpha + \beta_{X \to Y} X + \varepsilon \\ X = \gamma + \beta_{Z \to X} Z + \eta \end{cases} \tag{8.10}$$

と書くことができる（(8.10) の $\beta_{X \to Y}$ は (8.1) の β と同じものである）．ここで，X と ε は必ずしも独立ではないとされる．このとき，定義8.1の3条件は，
 （ⅰ）Z は ε および η と独立，
 （ⅱ）$\beta_{Z \to X} \neq 0$,
と表される（Martens, et al.（2006），Imbens（2014）などを参照）．また，(8.4) の IV 推定量は，Z から Y への回帰モデルを
$$E[Y] = \tau + \beta_{Z \to Y} Z + \zeta$$
とすると，
$$\hat{\beta}_{\mathrm{IV}} = \frac{s_{ZY}/s_Z^2}{s_{ZX}/s_Z^2} = \frac{\hat{\beta}_{Z \to Y(\mathrm{OLS})}}{\hat{\beta}_{Z \to X(\mathrm{OLS})}}$$
とも表される．これより，$\hat{\beta}_{Z \to Y(\mathrm{OLS})} = \hat{\beta}_{Z \to X(\mathrm{OLS})} \times \hat{\beta}_{X \to Y(\mathrm{IV})}$ と，上述の矢線表示（DAG）で表される関係と対応した表現が得られる．

　操作変数を用いた回帰係数 β の推定の幾何学的意味は次のようである．2.3.1 項の回帰分析で，X と U が観測されたときの X の偏回帰係数の幾何学的な表示として図 2.6 を与えた．図 2.6 では，U は1次元で，その直交補空間 $L(U)^\perp$ は高次元であった．操作変数 Z は図 2.6 の $L(U)^\perp$ に対応する．ただし，Z は1次元でその直交補空間である U が高次元となる（図 8.1）．U がわかっていれば，Y を X と U の張る線形部分空間 $L(X, U)$ に直交射影したベクトル $\hat{Y} = bX + gU$ の係数 b が回帰係数 β の偏りのない推定値となるが，U は未知であるので，このように直接は計算できない．そこで，Y および X を U とは直交するベクトル（操作変数）Z にそれぞれ直交射影し，その正射影ベクトル $\hat{\beta}_{Z \to Y(\mathrm{OLS})} Z$ と $\hat{\beta}_{Z \to X(\mathrm{OLS})} Z$ の長さの比をとることにより，$\hat{\beta}_{X \to Y(\mathrm{IV})} = b$ を求めているのである．Z が X に近ければ正射影ベクトル $\hat{\beta}_{Z \to Y(\mathrm{OLS})} Z$ と $\hat{\beta}_{Z \to X(\mathrm{OLS})} Z$ はそれぞれ bX および X に近く，推定値 b の推定精度はよくなるが，Z が X と直交に近い（関係が弱い）場合には，各正射影ベクトルはそれぞれ長さが短くなり，その比で求める IV 推定量の推定精度は悪くなる．

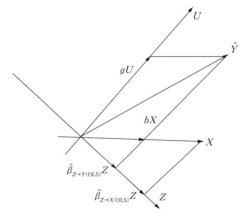

図 8.1 操作変数の幾何学的表示

8.2 ノンコンプライアンスと対処法

　人間を対象にした実験研究では，処置効果の偏りのない推定のため，処置のランダム割付けを行っても，割付けられた処置が必ずその通りに実行されるとは限らない．これをノンコンプライアンスという．以下では，割付けられた処置を守らなかったとしても結果変数は観測される場合を扱う．研究から離脱し結果変数が得られないのはデータの欠測であり，欠測に関しては第 10 章で扱う．

8.2.1　ノンコンプライアンス

　実験研究において，必ずしも処置の割付け通りに処置が実行されない状況を考える．処置の割付けが Z（1：処置，0：対照）のときに，実際に受けた処置を D（1：処置，0：対照）とすると，$D=Z$ である個体は割付けられた処置を遵守（comply）したことになるが，$D \neq Z$ となった個体は，割付けられた処置を守らなかったことになる．このように，割付けられた処置が守られないことをノンコンプライアンス（noncompliance，非遵守）といい，割付けを遵守した個体を遵守者，遵守しなかった個体を非遵守者という．ただし，遵守者の中

に2種類の個体が存在する（8.3節）．

　ノンコンプライアンスが存在するときは，処置効果の推定が厄介である．遵守者と非遵守者とでは処置への反応が異なり，結果として処置効果が同じであるとみなせないことが多い．すなわち，母集団内に遵守者と非遵守者という異質の個体が混在することになる．この場合，まず推定対象となる処置効果は何かを吟味しなくてはならない．そしてその処置効果は実際のデータから推定可能であるか（識別可能であるか）を調べる必要があり，推定可能であるならばその具体的な推定法を知る必要がある．

例 8.1　ノンコンプライアンスの例　ノンコンプライアンスとして遭遇する2つの例を挙げる．

　(a) 新薬開発の臨床試験で，被験者が薬剤の投与群もしくはプラセボ投与群に割付けられた場合，薬剤群に割付けられても実際は薬剤を服用しないことがある．ただし，その被験者をプラセボ服用と同等とみなせるかどうかには議論の余地がある．薬剤割付け群の非遵守者がプラセボ服用とみなせても，プラセボ投与群に割付けられた被験者が薬剤を服用することは試験の性質上できないので，この場合のノンコンプライアンスは，薬剤投与群にのみ生じる．

　(b) 市販のダイエット食品の効果を評価するため，被験者をランダムに食品を摂取する群もしくは摂取しない群に割付けた場合，食品摂取群に割付けられてもその食品を摂取しなかったり，あるいは逆に摂取しない群に割付けられたにもかかわらず，その食品が市販品であれば自費で当該食品を購入して摂取したりする場合がある．この場合には，ノンコンプライアンスは両方の群に生じる．

8.2.2　4種類の推定量

　被験者 i の割付けを $Z=z$，実際に受けた処置を $D=d$ としたときの結果変数を $Y_i(Z=z)$，$Y_i(D=d)$ などとし，母集団全体での $Z=z$ あるいは $D=d$ の下での条件付き期待値を $E[Y|Z=z]$，$E[Y|D=d]$ などとする（$z, d = 1, 0$）．ノンコンプライアンスの下での平均因果効果 τ の推定法としておもに以下の4つがある（たとえば McNamee（2009），Bang and Davis（2007）などを参照）．

- Intention to Treat（ITT）： $\hat{\tau}_{\mathrm{ITT}} = \hat{E}[Y|Z=1] - \hat{E}[Y|Z=0]$
- As Treated（AT）： $\hat{\tau}_{\mathrm{AT}} = \hat{E}[Y|D=1] - \hat{E}[Y|D=0]$
- Per Protocol（PP）： $\hat{\tau}_{\mathrm{PP}} = \hat{E}[Y|Z=D=1] - \hat{E}[Y|Z=D=0]$
- Instrumental Variable（IV）： $\hat{\tau}_{\mathrm{IV}} = \dfrac{\hat{E}[Y|Z=1] - \hat{E}[Y|Z=0]}{\hat{P}(D=1|Z=1) - \hat{P}(D=1|Z=0)}$

ここで，$\hat{E}$ および $\hat{P}$ はそれぞれ期待値および確率の推定値を表す．結果変数 Y が2値（1：有効，0：無効）の場合には，これらの推定量は次のようになる．

- Intention to Treat（ITT）： $\hat{\tau}_{\mathrm{ITT}} = \hat{P}[Y=1|Z=1] - \hat{P}[Y=1|Z=0]$
- As Treated（AT）： $\hat{\tau}_{\mathrm{AT}} = \hat{P}[Y=1|D=1] - \hat{P}[Y=1|D=0]$
- Per Protocol（PP）： $\hat{\tau}_{\mathrm{PP}} = \hat{P}[Y=1|Z=D=1] - \hat{P}[Y=1|Z=D=0]$
- Instrumental Variable（IV）： $\hat{\tau}_{\mathrm{IV}} = \dfrac{\hat{P}(Y=1|Z=1) - \hat{P}(Y=1|Z=0)}{\hat{P}(D=1|Z=1) - \hat{P}(D=1|Z=0)}$

ITT は，実際に受けた処置 D が何であろうと，最初に割付けられた処置 Z に基づく推定法である．仮に処置を実際には受けていなかったとしても処置群として扱われる．新薬開発の臨床試験では，実際に薬剤を服用しなかった被験者も薬剤の割付け群として扱われるため，薬剤の効果がある場合には，その効果の過小評価となる．薬剤の効果そのものを評価していないことから，一見よくない推定法のようにみえるが，臨床試験の最終段階ではよく用いられる推定法である．処置の割付けに基づく推定法ともいわれる．

AT は，割付けられた処置 Z はともかく実際に受けた処置 D に基づいた推定法である．臨床試験では，実際に薬剤を服用した群と服用しなかった群との比較であり，薬剤の実際の効果を偏りなく推定しているようにみえるが，8.3節でみるように薬剤の効果の偏った推定値を与え，実際上はあまり使われない．実際に受けた処置に基づく推定法である．

PP は，処置の割付けを遵守した $(D=Z)$ 被験者のみでの処置群と対照群との比較である．この推定法も一見妥当な推定値を与えるようにみえるが，処置効果の偏った推定値を与える．

IV は 8.1.1 項の（8.6）もしくは（8.8）で定義した IV 推定量である．推定量の分子は $\hat{\tau}_{\mathrm{ITT}}$ であるが，分母として各割付け群での実際に処置を受けた個体の割合の差としている．処置効果がある場合には，その過小評価である ITT 推

定量の調整をしていると解釈できる．

ノンコンプライアンスの問題では，矢線表示（DAG）が

$$Z \to D \to Y$$
（UからDおよびYへ矢線）

であれば，Zは操作変数となり，IV 推定量が妥当な結果を与える．操作変数の定義 8.1 の各条件を吟味すると，ランダム割付けでは，

(IV1) 独立性：割付けZはすべての交絡因子Uと独立である．
(IV2) 関係性：割付けZは実際の処置Dに影響を与える．
(IV3) 除外制約：ZはYに対しDを通じてのみ影響を与え，直接は影響しない．

となる．割付けはランダムであるとしているので，(IV1) は成り立つ．割付けと実際に受ける処置とがまったく独立でなければ (IV2) は成り立つ．しかし，3番目の条件が成立するかどうかは扱っている問題による．(IV3) は，

$$Y(Z=0, D=d) = Y(Z=1, D=d), \quad d=1, 0 \tag{8.11}$$

と表現することもできる．すなわち，実際に受けた処置が$D=d$と特定されれば，割付けZが何であろうと，結果変数Yへの影響は同じとなることを意味している．

新薬開発の臨床試験で，割付けが二重盲検すなわち被験者にも評価者にも処置か対照かがわからなければ，被験者は自分が処置群か対照群のどちら群に属するかはわからないのであるから，割付けは直接に結果には影響を与えず，(IV3) は満たされるであろう．しかしたとえば，再就職のプログラムの評価で，プログラムへの参加を要請されたが ($Z=1$) 参加を断った場合 ($D=0$) と，最初からプログラムへの参加を要請されなくて ($Z=0$) 参加しなかった場合 ($D=0$) とでは，被験者の心理上に何らかの違いを生じ，結果に与える影響が異なる可能性は否定できない．

8.2.3　ノンコンプライアンスの下での効果の推定

ここでは，例 8.1 に述べた 2 種類の状況，すなわち$Z=0$では$D=1$とならない場合と$D=1$の可能性がある場合につき，効果の4種類の推定法がどのような答えを出すかを例によって示す．

例 8.2 **ビタミン A の効果**　アフリカの子どもにビタミン A を摂取させることで年間死亡率に影響を与えるかどうかのランダム化実験が行われた (Greenland, 2000). ランダム化は村ごとに行われ，結果として全部で12094人の子どもに対し，ビタミン A 支給群 ($Z=1$) に 12094 人，非支給群 ($Z=0$) に 11588 人がランダムに割付けられた．しかし，ビタミン A が支給されたにもかかわらず実際にそれを摂取した ($D=1$) のは，支給群で 9675 人のみで，2419 人の子どもは摂取しなかった ($D=0$). 非支給群ではビタミン A が支給されていないので，それを摂取した子どもはいなかった．そして 1 年間の観察結果，子どもの死亡 ($Y=1$) の数は表 8.1 のように観測された．表 8.1 は図 8.2 のようにも表示できる．

表 8.1　ビタミン A の実験結果

$Z=1$

	$Y=1$	$Y=0$	計	リスク
$D=1$	12	9663	9675	0.124%
$D=0$	34	2385	2419	1.41%
計	46	12048	12094	0.38%

$Z=0$

	$Y=1$	$Y=0$	計	リスク
$D=1$	0	0	0	—
$D=0$	74	11514	11588	0.64%
計	74	11514	11588	0.64%

合計

	$Y=1$	$Y=0$	計	リスク
$D=1$	12	9663	9675	0.12%
$D=0$	108	13899	14007	0.77%
計	120	23562	23682	0.51%

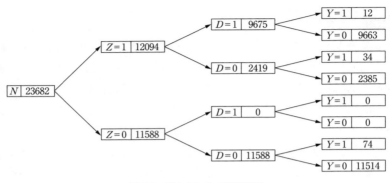

図 8.2 ビタミン A の実験結果

このデータから 4 種類の効果を計算すると以下のようになる．

$$\text{ITT}: \hat{\tau}_{\text{ITT}} = \frac{46}{12094} - \frac{74}{11588} = 0.0038 - 0.0064 = -0.0026$$

$$\text{AT}: \hat{\tau}_{\text{AT}} = \frac{12}{9675} - \frac{108}{14007} = 0.0012 - 0.0077 = -0.0065$$

$$\text{PP}: \hat{\tau}_{\text{PP}} = \frac{12}{9675} - \frac{74}{11588} = 0.0012 - 0.0064 = -0.0051$$

$$\text{IV}: \hat{\tau}_{\text{IV}} = \frac{-0.0026}{9675/12094} = -0.0032$$

これらのうちどの推定値が最も妥当なものであろうか．表 8.1 のリスクの欄から読み取れる最も顕著な事実は，ビタミン A 支給群でビタミン A を摂取しなかった子ども（$Z=1, D=0$）の死亡リスク 1.41% の相対的な大きさである．これは，ビタミン A 非支給群でビタミン A を摂取しなかった子ども（$Z=D=0$）の死亡リスク 0.64% の 2 倍以上である．ビタミン A が支給されたにもかかわらず子どもがそれを摂取しなかった理由にはいくつか考えられた．たとえば，親が取り上げてしまう，保守的でよそからの異物を排除する傾向にあるなどであり，それが死亡率の高い村で起きていた可能性が否定できない．

以上を鑑みるに，AT と PP は効果の過大評価を招いている可能性がある．それに対し，ITT は効果の過小評価をもたらしている．したがってこの場合，IV 推定値が真の効果に近いことが予想される．

例 8.2 は，例 8.1 の (b) に挙げた臨床試験と同じく，$Z=0$，$D=1$ となりえない状況である．例 8.1 の (a) のような $Z=0$，$D=1$ も可能な例として，架空例であるが次の例 8.3 を取り上げる．

例 8.3 $Z=0$，$D=1$ も可能な例　ここでは，表 8.2 および図 8.3 の数値例

表 8.2 数値例

$Z=1$

	$Y=1$	$Y=0$	計	リスク
$D=1$	57	23	80	0.713
$D=0$	6	14	20	0.300
計	63	37	100	0.630

$Z=0$

	$Y=1$	$Y=0$	計	リスク
$D=1$	8	2	10	0.800
$D=0$	34	56	90	0.378
計	42	58	100	0.420

合計

	$Y=1$	$Y=0$	計	リスク
$D=1$	65	25	90	0.722
$D=0$	40	70	110	0.364
計	105	95	200	0.525

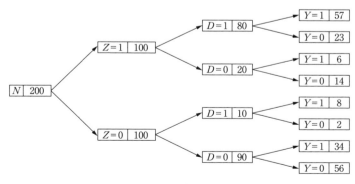

図 8.3 数値例の図

により各効果の計算を行う．

このデータから4種類の効果を計算すると以下のようになる．

$$\text{ITT}: \hat{\tau}_{\text{ITT}} = \frac{63}{100} - \frac{42}{100} = 0.63 - 0.42 = 0.21$$

$$\text{AT}: \hat{\tau}_{\text{AT}} = \frac{65}{90} - \frac{40}{110} = 0.722 - 0.364 = 0.359$$

$$\text{PP}: \hat{\tau}_{\text{PP}} = \frac{57}{80} - \frac{34}{90} = 0.713 - 0.378 = 0.335$$

$$\text{IV}: \hat{\tau}_{\text{IV}} = \frac{0.21}{(80/100) - (90/100)} = -2.1$$

これらの推定値が何を意味するのか，どの推定値がどういう意味で妥当であるのかについては8.3節で再度議論する．

8.3 識別性条件と効果の推定

ノンコンプライアンスの下での処置効果の推定では，第一に推定対象となる効果はどのようなものであるのかの考察が必要である．次に，その効果が観測データから一意的に推定できるための条件（識別条件）の把握が続き，最後に具体的な推定法へと続く．

8.3.1 母集団の場合分けと処置効果

個体のノンコンプライアンスの状況に応じ，母集団全体を以下の4つの部分集団に分ける．割付けを Z（1：処置，0：対照）とする．そのとき，実際に受ける処置を $D(Z)$（1：処置，0：対照）として，（ⅰ）Complier（C）：$Z = D(Z)$，常に割付け通りの処置を受ける人，（ⅱ）Never Taker（N）：$D(Z) = 0$，割付け（Z）が何であろうと常に処置を受けない人，（ⅲ）Always Taker（A）：$D(Z) = 1$，割付け（Z）が何であろうと常に処置を受ける人，（ⅳ）Defier（D）：$D(Z) = 1 - Z$，常に割付けとは反対の行動をとる人，天邪鬼，とする．ただし母集団のどの個体が上の4つのどの分類に属するかは，わかる場合とわからない場合とがある．たとえば，$Z = 1$ で $D = 0$，すなわち処置に割付けられた

が処置を実行しなかった個体はNever TakerかDefierのいずれかであるし，$Z=0$で$D=0$，すなわち処置群でなく処置を実行しなかった個体はComplierかNever Takerである．そして，各カテゴリーの被験者の処置あるいは対照への反応は，それぞれ異なる可能性があると仮定される．ここでの (Z, D) に基づく母集団の4分類はprincipal stratificationと呼ばれる分類法の1つである (Frangakis and Rubin, 2002)．

割付けZが操作変数であるための8.2.2項の3条件 (IV1) 〜 (IV3) に加え，条件

(IV4) 単調性 (monotonicity)：$D(Z=1) \geq D(Z=0)$

を仮定する．Complierでは$D(Z=1) > D(Z=0)$であり，Never Takerでは$D(Z=1) = D(Z=0) = 0$，Always Takerでは$D(Z=1) = D(Z=0) = 1$であるので，いずれも (IV4) を満足する．それに対し，Defierでは$D(Z=1) < D(Z=0)$であるので，条件 (IV4) はDefierがいないという条件である．この条件は，ノンコンプライアンス下での処置効果の識別を可能にする．たとえば，もし (IV4) が成り立ってDefierがいないとすると，$D(Z=1) = 0$となった個体はNever Takerであることがわかり，議論が容易になる．

次に，ある部分集団での平均因果（処置）効果を定義する．

定義8.2　CACEあるいはLATE　ComplierをCと書き，潜在的な結果を$\{Y(1), Y(0)\}$とするとき，Complierに限定したときの平均因果効果（平均処置効果）

$$\mathrm{CACE} = \tau_C = E[Y(1) - Y(0) \mid C] \tag{8.12}$$

をComplierの平均因果効果 (Complier Average Causal effect：CACE) あるいはローカルな平均処置効果 (Local Average Treatment Effect：LATE) という．

定義8.2のCACEは，8.2.2項の (IV1) 〜 (IV3) および上の (IV4) の条件が満たされるとき，推定対象として識別可能となり，IV推定量により偏りなく推定される．次節ではその理由を考察する．母集団のどの個体がComplierかは一般にはわからないため，CACEは誰に対する効果であるかが不明であるとの意見がある．しかし，母集団におけるComplierの比率は推定できることか

ら，その範囲の個体に関しての平均処置効果が推定されることは，実質上の意味があるといえよう．

8.3.2 効果の識別性

前節の CACE の識別性条件（IV1）〜（IV4）を仮定する．結果変数 Y は 2 値（1：有効，0：無効）とし，次のように記号を定義する．母集団での構成割合を

$$p_C = P(\text{Complier}), \quad p_N = P(\text{Never Taker}), \quad p_A = P(\text{Always Taker}) \quad (8.13)$$

とする．Defier はいないという単調性条件（IV4）を課しているので，$p_C + p_N + p_A = 1$ である．そして，処置に割付けられる確率を $q = P(Z=1)$ とする．除外制約（IV3）の下では $Y(D=d, Z=z) = Y(D=d)$ であることより $(z, d = 1, 0)$，各個体のタイプごとに結果が有効（$Y=1$）である条件付き確率を

$$R_C(1) = P(Y=1 \mid D=1, \text{Complier}),$$
$$R_C(0) = P(Y=1 \mid D=0, \text{Complier})$$
$$R_N(1) = P(Y=1 \mid D=1, \text{Never Taker}),$$
$$R_N(0) = P(Y=1 \mid D=0, \text{Never Taker})$$
$$R_A(1) = P(Y=1 \mid D=1, \text{Always Taker}),$$
$$R_A(0) = P(Y=1 \mid D=0, \text{Always Taker})$$

と置く．母集団全体での平均因果効果（ACE）は，ノンコンプライアンスを考慮しない場合，処置の割付けがランダムであれば，割付け Z を用いて

$$\tau = P(Y(1)) - P(Y(0)) = P(Y=1 \mid Z=1) - P(Y=1 \mid Z=0)$$

と定義されるが，ノンコンプライアンスがあるためここではそれを実際に受けた処置により

$$\tau = P(Y(1)) - P(Y(0)) = P(Y=1 \mid D=1) - P(Y=1 \mid D=0)$$
$$= \{p_C R_C(1) + p_N R_N(1) + p_A R_A(1)\} - \{p_C R_C(0) + p_N R_N(0) + p_A R_A(0)\}$$
$$= p_C \{R_C(1) - R_C(0)\} + p_N \{R_N(1) - R_N(0)\} + p_A \{R_A(1) - R_A(0)\} \quad (8.14)$$

とする．また，CACE は

$$\tau_C = R_C(1) - R_C(0) \quad (8.15)$$

となる．

Complier では $P(Y=1 \mid Z=z, \text{Complier}) = R_C(z)$，$z=1, 0$ である．そして，

8.3 識別性条件と効果の推定

除外制約（IV3）により，Never Taker では $P(Y=1 \mid Z=1, \text{Never Taker}) = P(Y=1 \mid Z=0, \text{Never Taker}) = R_N(0)$，Always Taker では $P(Y=1 \mid Z=1, \text{Always Taker}) = P(Y=1 \mid Z=0, \text{Always Taker}) = R_A(1)$ となり，Never Taker では $R_N(1)$ が観測されず，Always Taker では $R_A(0)$ が観測されないため，(8.14) の平均処置効果は識別されない．$R_N(1)$ は Never Taker に強制的に処置を受けさせた場合の確率，$R_A(0)$ は Always Taker に強制的に処置を受けさせなかったときの確率ともいえる．他の条件付き確率は単調性の仮定の下でデータから推定可能である．

以上の記号を用い，8.2.2 項で定義した4種類の推定量が何を推定しているのかを示す．そのため，以下での推定量の右辺は母集団確率とする．

ITT：Never Taker では $P(Y=1 \mid Z=1, \text{Never Taker}) = P(Y=1 \mid D=0, \text{Never Taker}) = R_N(0)$ であり，Always Taker では $P(Y=1 \mid Z=0, \text{Always Taker}) = P(Y=1 \mid D=1, \text{Always Taker}) = R_A(1)$ であるので，

$$\begin{aligned}
\hat{\tau}_{\text{ITT}} &= P(Y=1 \mid Z=1) - P(Y=1 \mid Z=0) \\
&= \{p_C R_C(1) + p_N R_N(0) + p_A R_A(1)\} - \{p_C R_C(0) + p_N R_N(0) + p_A R_A(1)\} \\
&= p_C \{R_C(1) - R_C(0)\}
\end{aligned} \quad (8.16)$$

となる．

AT：Never Taker では $P(Y=1 \mid D=1, \text{Never Taker}) = 0$ であり，Always Taker では $P(Y=1 \mid D=0, \text{Always Taker}) = 0$ である．また，$Z=0$ に割付けられた Always Taker は $D=1$ となり，$Z=1$ に割付けられた Never Taker は $D=0$ となるので，

$$\hat{\tau}_{\text{AT}} = P(Y=1 \mid D=1) - P(Y=1 \mid D=0) = \frac{q p_C R_C(1) + p_A R_A(1)}{q p_C + p_A} - \frac{(1-q) p_C R_C(0) + p_N R_N(0)}{(1-q) p_C + p_N} \quad (8.17)$$

となる．

PP：割付けを遵守している個体のみであるので，$Z=D=1$ には Complier と Always Taker が，$Z=D=0$ には Complier と Never Taker がいることから，

$$\hat{\tau}_{\text{PP}} = P(Y=1 \mid D=Z=1) - P(Y=1 \mid D=Z=0) = \frac{p_C R_C(1) + p_A R_A(1)}{p_C + p_A} - \frac{p_C R_C(0) + p_N R_N(0)}{p_C + p_N} \quad (8.18)$$

となる.

IV:分子は $\hat{\tau}_{\text{ITT}}$ であり,$P(D=1 \mid Z=1) = p_C + p_A$ および $P(D=1 \mid Z=0) = p_A$ であるので,

$$\hat{\tau}_{\text{IV}} = \frac{\hat{\tau}_{\text{ITT}}}{P(D=1 \mid Z=1) - P(D=1 \mid Z=0)}$$
$$= \frac{p_C \{R_C(1) - R_C(0)\}}{(p_C + p_A) - p_A} = R_C(1) - R_C(0) \quad (= \text{CACE}) \tag{8.19}$$

となる.

すなわち,IV 推定量は CACE を偏りなく推定している.それに対し,ITT 推定量は CACE の p_C 倍となっていて,コンプライアンスが悪い(p_C が小さい)場合には効果の過小評価となる.

例 8.1 (a) の新薬開発の臨床試験のように,Always Taker が存在せずに $p_A = 0$ であるとすると,

$$\hat{\tau}_{\text{AT}} = R_C(1) - \frac{(1-q)p_C R_C(0) + p_N R_N(0)}{(1-q)p_C + p_N}$$
$$= \{R_C(1) - R_C(0)\} + \frac{1 - p_C}{1 - qp_C} \times \{R_C(0) - R_N(0)\} \tag{8.20}$$

$$\hat{\tau}_{\text{PP}} = R_C(1) - \{p_C R_C(0) + p_N R_N(0)\}$$
$$= \{R_C(1) - R_C(0)\} + p_N \{R_C(0) - R_N(0)\} \tag{8.21}$$

となる.いずれも $\{R_C(0) - R_N(0)\} > 0$ であるとすると,CACE に比べ,正の偏りをもつ.すなわち,CACE よりも効果が大きいように推定してしまうことになる.逆に $\{R_C(0) - R_N(0)\} < 0$ であれば CACE に比較して負の偏りとなる.$\{R_C(0) - R_N(0)\}$ の正負は Never Taker の特徴による.ITT は常に CACE を過小評価するのに比べ,その解釈に注意が必要となる.

例 8.4 例 8.2 の続き 例 8.2 の表 8.1 により上述の各確率を計算する.この例では Always Taker は存在しない.処置への割付け比率は $q = 12094/(12094 + 11588) = 0.511$ である.まず,確率 p_C および p_N の推定値を求める.p_N は,$Z=1$ の中で $D=0$ となった比率であるので $\hat{p}_N = 2419/12094 = 0.200$ であり,$\hat{p}_C = 1 - \hat{p}_N = 0.800$ となる.すなわち,$Z=1$ で $D=1$ となった 9675 人は全員

Complier であるが, $Z=0$ で $D=0$ となった 11514 人の中には, Never Taker が $11514 \times 0.200 = 2317.8$ 人程度いることになるので, この中の Complier は $11514 \times 0.800 = 9270.2$ 人程度となる.

$Z=1$ で $D=1$ となった Complier 9675 人中 $Y=1$ となったのは 12 人であるので, $\hat{R}_C(1) = 12/9675 = 0.00124$ と推定される. また, $Z=1$ で $D=0$ となった Never Taker 2419 人中 $Y=1$ となったのは 34 人であるので, $\hat{R}_N(0) = 34/2419 = 0.0141$ となる. $Z=0$ で $D=0$ となった 11588 人中 Never Taker は 2317.8 人いて, 彼らの中で $Y=1$ となったのは $2317.8 \times 0.0141 = 32.6$ 人程度と推察される. したがって, $Z=0$ で $D=0$ となった Complier 9270.2 人中で $Y=1$ となったのは $74 - 32.6 = 41.4$ 人程度となる. したがって, $\hat{R}_C(0) = 41.4/9270.2 = 0.0045$ と推定される.

以上まとめると,

Complier : $\hat{p}_C = 0.800$; $\hat{R}_C(1) = 0.00124$, $\hat{R}_C(0) = 0.00447$
Never Taker : $\hat{p}_N = 0.200$; $\hat{R}_N(0) = 0.0141$

となる. これより CACE の推定値は $0.00447 - 0.00124 = 0.00323 \approx 0.32\%$ となり, 例 8.2 で求めた IV 推定量の値と一致する. また, Never Taker のリスクは 1.41% とビタミン A 非支給群 ($Z=0$) における Complier のリスク 0.45% よりもかなり高いこともみてとれる. また, これらの値を用いて関係式 (8.16) 〜 (8.21) から求めた各推定値は例 8.2 の 4 種類の推定値と一致することが確かめられる.

例 8.5 例 8.3 の続き　例 8.3 の表 8.2 の数値例を用いて計算する. まず, 確率 p_C, p_N, p_A の推定値を求める. p_N は, $Z=1$ の中で $D=0$ となった比率であるので $\hat{p}_N = 20/100 = 0.2$ であり, p_A は, $Z=0$ の中で $D=1$ となった比率であるので, $\hat{p}_A = 10/100 = 0.1$ と推定される. よって, $\hat{p}_C = 1 - (\hat{p}_N + \hat{p}_A) = 0.7$ となる. すなわち, $Z=1$ で $D=1$ となった 80 人の中には Complier が 70 人, Always Taker が 10 人程度いることになり, $Z=0$ で $D=0$ となった 90 人の中には, Complier が 70 人, Never Taker が 20 人程度いることになる.

Never Taker は 20 人いて, その中の 6 人が $Y=1$ であるので, $\hat{R}_N(0) = 6/20 = 0.3$ と推定され, Always Taker は 10 人いて, その中の 8 人が $Y=1$ である

ので，$\hat{R}_A(1) = 8/10 = 0.8$ と推定される．$Z=1$ で $D=1$ となった80人の中の10人は Always Taker であり，彼らの中で $Y=1$ となったのは8人程度いるはずであるので，Complier で $Y=1$ となったのは，$57-8=49$ 人と考えられる．よって，$\hat{R}_C(1) = 49/70 = 0.7$ と推定される．$Z=0$ で $D=0$ となった90人の中にはNever Taker が20人程度いて，彼らの中で $Y=1$ となったのは6人程度いるはずであるので，Complier で $Y=1$ となったのは $34-6=28$ 人と考えられる．よって，$\hat{R}_C(0) = 28/70 = 0.4$ と推定される．

以上まとめると，

$$\begin{aligned}&\text{Complier}: & \hat{p}_C &= 0.7 \, ; \hat{R}_C(1) = 0.7, \; \hat{R}_C(0) = 0.4 \\ &\text{Never Taker}: & \hat{p}_N &= 0.2 \, ; \hat{R}_N(0) = 0.3 \\ &\text{Always Taker}: & \hat{p}_A &= 0.1 \, ; \hat{R}_A(1) = 0.8\end{aligned}$$

となる．これらの値を用いて関係式 (8.16) ～ (8.21) から求めた各推定値は例8.3 の4種類の推定値と一致することが確かめられる．

8.3.3 効果の存在範囲

母集団全体の平均因果効果 τ は，$R_N(1)$ と $R_A(0)$ は観測されないので識別ができない．しかし，これらはともに確率であるので0以上1以下である．したがって，τ の上下限は求めることができる．すなわち，τ の上限は $R_N(1) = 1$ および $R_A(0) = 0$ のとき達成され，

$$\tau_{\text{MAX}} = p_C\{R_C(1) - R_C(0)\} + p_N\{1 - R_N(0)\} + p_A\{R_A(1) - 0\} \quad (8.22)$$

となる．下限は $R_N(1) = 0$ および $R_A(0) = 1$ のとき達成され，

$$\tau_{\text{MIN}} = p_C\{R_C(1) - R_C(0)\} + p_N\{0 - R_N(0)\} + p_A\{R_A(1) - 1\} \quad (8.23)$$

となる (Manski, 1990)．Always Taker がいない状況では，これらはそれぞれ

$$\tau_{\text{MAX}} = p_C\{R_C(1) - R_C(0)\} + p_N\{1 - R_N(0)\} \quad (8.24)$$

および

$$\tau_{\text{MIN}} = p_C\{R_C(1) - R_C(0)\} - p_N R_N(0) \quad (8.25)$$

となる．なお，Balke and Pearl (1997) は，Defier を含むより一般的な形での効果の上下限を導出している．(8.22) および (8.23) は Balke and Pearl

（1997）の導出した一般的な上下限の特別な場合に相当する．

上で求めた上下限はあくまでも確率の定義にのみ基づくものであり，実際に計算すると範囲はかなり広いものとなる．上限では $R_N(1) = 1$ および $R_A(0) = 0$ としているが，Never Taker の確率の値が 1 というのはいかにも大きすぎで，Always Taker の確率の値が 0 というのは小さすぎる．たとえば，Never Taker および Always Taker の確率の値は Complier の確率程度と想定できれば $R_N(1) = R_C(1)$ および $R_A(0) = R_C(0)$ となり，存在範囲を狭めることができる．どのような想定を置くかは問題によることから，問題ごとに妥当性のあるものを置けばよい．

8.2.2 項の効果の推定値と（8.22）および（8.23）の存在範囲の上下限の計算を数値例により示す．

例 8.6 例 8.2 の続き　例 8.2 で求めた各推定値を用いて平均因果効果の上下限を求めると，

$$\tau_{MAX} = 0.800(0.00124 - 0.00447) + 0.200 \times (1 - 0.0141) = 0.1946$$

$$\tau_{MIN} = 0.800(0.00124 - 0.00447) - 0.200 \times 0.0141 = -0.005$$

となる．例 8.2 で求めた IV 推定値は $\hat{\tau}_{IV} = -0.0032$ であり，他の推定値も負の値であったが，ここでの上限は 0.1946 ときわめて大きな正の値である．これは，$R_N(1) = 1$ すなわち Never Taker にビタミン A を強制的に与えると死亡率が 1 となり全員死亡するというありえない値を入れたためである．逆に下限では $R_N(1) = 0$ すなわち，死亡率が 0 としているので，これも想定できない数値である．問題をさらに吟味することでより適切な $R_N(1)$ の値の想定により，区間幅はさらに短くすることができるであろうし，そうすべきである．問題は，その想定が合理的かどうかの判断にかかってくる．

例 8.7 例 8.3 の続き　例 8.3 で求めた各推定値を用いて平均因果効果の上下限を求めると，（8.22）および（8.23）より

$$\tau_{MAX} = 0.7(0.7 - 0.4) + 0.2(1 - 0.3) + 0.1 \times 0.8 = 0.43$$

および

$$\tau_{MIN} = 0.7(0.7 - 0.4) - 0.2 \times 0.3 + 0.1(0.8 - 1) = 0.13$$

を得る．この場合は単なる計算のための数値であるのでこれを改良できないが，実際問題では改良が可能であろう．

Chapter 9
ケース・コントロール研究

　ケース・コントロール研究は，ある事象（通常は病気あるいは有害事象など）の生起した個体（症例，ケース）とその事象が生起していない個体（対照，コントロール）との比較により，ある要因（曝露）が，当該事象の原因となっているかどうかを探る研究である．結果が観測された後にその原因を同定しようという後ろ向き研究で，これまでの議論とは異なる定式化と評価指標が必要となる．

9.1　ケース・コントロール研究の特質

　前章までの統計的因果推論がある要因（処置）の効果（effect of cause）の評価であったのに対し，ケース・コントロール研究（case-control study, 症例対照研究）は，結果の要因（cause of effect）を探る研究であると位置付けられる．結果が観測されたという前提で，その原因を探るという時間的に遡る研究であることから後ろ向き研究（retrospective study）である．結果の事象の生起がまれである場合には，まず原因がありその後に結果を観測するという前向き研究では，事象の生起した個体数の集積に時間と費用がかかることから，実行可能性を考慮するとケース・コントロール研究はほとんど唯一の研究手段である（Breslow (1996), Keogh and Cox (2014) などを参照）．

　ケース・コントロール研究では，これまでの要因（処置）として，薬剤の服用やある種の環境要因（アスベストなど）への曝露を考えることから，一般に原因系を曝露（exposure）という．また，結果変数としては病気の発生など何らかの事象の生起した「症例」を扱うので，ここでも症例および事象の生起という語を用いる．

曝露の有無を表す2値のダミー変数を Z とし（1：曝露あり，0：曝露なし），事象の生起を表す2値のダミー変数を Y とする（1：生起（症例），0：非生起（対照））．分析の本来の目的は，曝露が結果変数にどのような影響を及ぼすかという，これまでと同じく前向きの条件付き確率（prospective conditional probability）$p_1 = P(Y=1|Z=1)$ と $p_0 = P(Y=1|Z=0)$ の比較である．それを，結果を得てからその原因を探るという逆向きの後ろ向きの条件付き確率（retrospective conditional probability）$q_1 = P(Z=1|Y=1)$ および $q_0 = P(Z=1|Y=0)$ から知ろうとする．なお，まれな事象を扱うことから，事象の生起確率 $p = P(Y=1)$ はきわめて小さいと仮定される．

ケース・コントロール研究では，ケース（症例）は，それがまれであるがゆえに観測例すべてが用いられ，コントロール（対照）が，何らかの意味でケースと関連があるが事象の生起していない集団から選ばれることが多い．コントロールの選択では，その候補者の集団からランダムに選ばれる場合と，各ケースとマッチングさせて選ぶ場合とがある．前者を対応がない場合，後者を対応がある場合という．

前向きの条件付き確率は，ベイズの定理（Bayes' theorem）により，後ろ向きの条件付き確率を用いて

$$P(Y=y|Z=z) = P(Z=z|Y=y) \times \frac{P(Y=y)}{P(Z=z)} \quad (z=1,0; y=1,0) \tag{9.1}$$

と計算される．これより

$$P(Y=1|Z=1) = P(Z=1|Y=1) \times \frac{P(Y=1)}{P(Z=1)},$$

$$P(Y=1|Z=0) = 1 - \{1 - P(Z=1|Y=0)\} \times \frac{1-P(Y=1)}{1-P(Z=1)}$$

であるので，母集団全体での事象の生起確率 $P(Y=1)$ および母集団全体での曝露の確率 $P(Z=1)$ がわかれば，$P(Z=1|Y=1)$ および $P(Z=1|Y=0)$ から $P(Y=1|Z=1)$ と $P(Y=1|Z=0)$ の値が推定できることになる．しかし通常は，$P(Y=1)$ および $P(Z=1)$ は未知である．

前章まで，潜在的な結果を用いた因果推論の枠組みで，観察研究を実験研究に近づけることにより処置効果を推定するという議論をしてきた．ところがケ

ース・コントロール研究では，処置（曝露）の無作為割付けによって結果変数が観測されるという構造になっていないことから，前章までの因果推論の考え方は適用できない（たとえば，Holland and Rubin（1988）を参照）．したがって，ケース・コントロール研究の目標は後ろ向きの条件付き確率に関する推論，いわば結果の原因の探索であり，それが真に因果関係であるかどうかはさまざまな証拠の積み重ねにより立証することになる．

9.2　曝露効果の推定

後ろ向き研究の結果から前向き研究の確率を推論するため，オッズ比が重要な役割を果たす．ここでは，対応のある場合とない場合につき，オッズ比の推定法を述べる．

9.2.1　対応のない場合

ケースとコントロールが，それぞれの母集団からランダムに抽出されたとする．多くの場合，ケースは少数で，コントロールの候補となる集団は大きく，その候補集団から解析に用いるコントロールを選択する．その場合，ケースはケースの母集団からのランダムサンプルとみなされるが，ここではコントロールもコントロールの母集団からのランダムサンプルとみなす．コントロールをケースにマッチングさせて選ぶ計画は9.2.2項で扱う．

ケース・コントロール研究では，どの確率が推定対象かの見極めが重要である．曝露の有無を表すダミー変数 Z と事象の生起を表すダミー変数 Y との同時確率を

$$\pi_{zy} = P(Z=z, Y=y), \quad (z, y=1, 0) \tag{9.2}$$

とする（表9.1）．ただし，曝露と事象の生起がわかっている母集団からのランダムサンプルはありえないので，実際の解析ではこの同時確率が意味をもつことはあまりない．Keogh and Cox（2014）ではこれを母集団モデル（population model）と呼んでいる．このとき，前向きの条件付き確率 p_1, p_0 は

$$p_1 = P(Y=1|Z=1) = \frac{\pi_{11}}{\pi_{11}+\pi_{10}}, \quad p_0 = P(Y=1|Z=0) = \frac{\pi_{01}}{\pi_{01}+\pi_{00}} \tag{9.3}$$

となる（表9.2）．p_1 は曝露があったときに事象の生起する確率，p_0 は曝露がなかったときに事象の生起する確率で，これらの比較が本来の研究目的であるが，これらは9.1節でみたように，推定不可能である．後ろ向きの条件付き確率 q_1, q_0 は

$$q_1 = P(Z=1 \mid Y=1) = \frac{\pi_{11}}{\pi_{11}+\pi_{01}}, \quad q_0 = P(Z=1 \mid Y=0) = \frac{\pi_{10}}{\pi_{10}+\pi_{00}} \quad (9.4)$$

と表される（表9.3）．ここで q_1 および q_0 は通常の意味での確率すなわちある条件の下で確率事象の生起する確率ではなく，q_1 は事象が観測された ($Y=1$) ときに $Z=1$ であった確率を表し，q_0 は事象が観測されなかった ($Y=0$) ときに $Z=1$ であった確率を表すものである．これらの確率は推定可能である．Keogh and Cox (2014) では，観測不可能であるがゆえに (9.2) を形式的解釈モデル (formal interpretative model) あるいは逆モデル (inverse model) といい，観測可能な (9.3) を標本抽出モデル (sampling model) と呼んでいる．

表9.1 同時確率

同時確率	症例 ($Y=1$)	対照 ($Y=0$)	計
曝露あり ($Z=1$)	π_{11}	π_{10}	q
曝露なし ($Z=0$)	π_{01}	π_{00}	$1-q$
計	p	$1-p$	1

表9.2 前向きの条件付き確率

条件付き確率	症例 ($Y=1$)	対照 ($Y=0$)	$P(Y=1 \mid Z=z)$
曝露あり ($Z=1$)	π_{11}	π_{10}	$p_1 = \pi_{11}/(\pi_{11}+\pi_{10})$
曝露なし ($Z=0$)	π_{01}	π_{00}	$p_0 = \pi_{01}/(\pi_{01}+\pi_{00})$

表9.3 後ろ向きの条件付き確率

条件付き確率	症例 ($Y=1$)	対照 ($Y=0$)
曝露あり ($Z=1$)	π_{11}	π_{10}
曝露なし ($Z=0$)	π_{01}	π_{00}
$P(Z=1 \mid Y=y)$	$q_1 = \pi_{11}/(\pi_{11}+\pi_{01})$	$q_0 = \pi_{10}/(\pi_{10}+\pi_{00})$

9.2 曝露効果の推定

ケース・コントロール研究にあっても，興味の対象は曝露の有無が事象の生起に与える影響であり，

$$RR = \frac{P(Y=1\mid Z=1)}{P(Y=1\mid Z=0)} = \frac{p_1}{p_0} = \frac{\pi_{11}/(\pi_{11}+\pi_{10})}{\pi_{01}/(\pi_{01}+\pi_{00})} \quad (9.5)$$

をリスク比（risk ratio）あるいは相対リスク（relative risk）という．これは，ケース・コントロール研究では直接推定できない値である．あるいは，曝露における事象の生起と非生起の比であるオッズ $p_1/(1-p_1)$ と非曝露におけるそれらのオッズの比 $p_0/(1-p_0)$ である前向きでのオッズ比（prospective odds ratio）

$$OR_{\text{pro}} = \frac{p_1/(1-p_1)}{p_0/(1-p_0)} = \frac{\pi_{11}/\pi_{10}}{\pi_{01}/\pi_{00}} = \frac{\pi_{11}\pi_{00}}{\pi_{01}\pi_{10}} \quad (9.6)$$

が関連性の指標として採用される．一方，観測されるデータから計算される値としては，事象の生起（症例）における曝露，非曝露のオッズ $q_1/(1-q_1)$ と事象の非生起（対照）における曝露，非曝露のオッズ $q_0/(1-q_0)$ の比（後ろ向きのオッズ比（retrospective odds ratio））

$$OR_{\text{retro}} = \frac{q_1/(1-q_1)}{q_0/(1-q_0)} = \frac{\pi_{11}/\pi_{01}}{\pi_{10}/\pi_{00}} = \frac{\pi_{11}\pi_{00}}{\pi_{01}\pi_{10}} \quad (9.7)$$

がある．これらからわかるように，後ろ向きのオッズ比（9.7）は本来推定したい（9.6）の前向きのオッズ比と一致する．よって，オッズ比を関連性の尺度にとれば前向きと後ろ向きの区別はないことから，（9.6）と（9.7）をまとめて単にオッズ比（odds ratio：OR）

$$\omega = OR = \frac{\pi_{11}\pi_{00}}{\pi_{01}\pi_{10}} \quad (9.8)$$

としてもよい．（9.8）のオッズ比は，下で述べる調整されたオッズ比と対比する形で周辺オッズ比（marginal odds ratio）とも呼ばれる．

ケース・コントロール研究での観測度数は表 9.4 のようにまとめられる．すなわち研究計画に基づき，症例を s 人，対照を t 人選び，彼らの中での曝露の有無を調べることにより表 9.4 となる．これは，前向き研究における 2.1 節の表 2.2 の分割表とは，行と列の役割が逆になっていることに注意する．このとき，オッズ比の推定値は $\hat{\omega} = (ad)/(bc)$ で求められ，その自然対数をとった $\log\hat{\omega}$ の標準誤差は，近似的に

表9.4 ケース・コントロール研究での観測度数

度数	症例 ($Y=1$)	対照 ($Y=0$)
曝露あり ($Z=1$)	a	b
曝露なし ($Z=0$)	c	d
計	s	t

$$SE[\log\hat{\omega}] = \sqrt{\frac{1}{a} + \frac{1}{b} + \frac{1}{c} + \frac{1}{d}} \tag{9.9}$$

であることが示される．$\log\hat{\omega}$ が近似的に正規分布に従うこと，およびその標準誤差が (9.9) となることを用いて，対数オッズ比あるいはオッズ比に関する検定あるいはその信頼区間が求められる (2.1 節を参照)．

オッズ比は，上述のように後ろ向きと前向きとで値が一致するという意味で，ケース・コントロール研究では，曝露と事象の生起の関連性を表す便利な指標である．そして，事象の生起確率 $p = P(Y=1)$ がごく小さいときは，オッズ比は (9.5) のリスク比 (RR) の近似となる．しかし，p があまり小さくないような状況では，オッズ比を関連性の指標とすると誤解を招くという指摘もある (たとえば Grant (2014) を参照)．また，連続データを2値化した場合のオッズ比の効果の大きさ (effect size) としての問題点も指摘されている (Rousson, 2014)．さらに，オッズ比は併合可能性 (collapsibility) をもたない (Greenland, et al., 1999)．それら以外にもオッズ比の解釈にまつわる論文は数多く出ている．オッズ比の実際の解釈は難しいことを肝に銘じるべきである．

共変量がある場合のオッズ比の推定では，2.4 節で述べたロジスティック回帰が用いられる．すなわち，y を事象の生起の有無を表す2値変数とし，x を共変量としたとき，曝露の確率 $q = q(y, x) = P(Z=1 | y, x)$ に対し，

$$\text{logit}(q(y, x)) = \log\frac{q(y, x)}{1 - q(y, x)} = \alpha + \psi y + \beta^T x \tag{9.10}$$

なるモデルを想定し，y の係数として対数オッズ比 $\psi = \log\omega$ を推定する．これを x で調整された対数オッズ比 (adjusted log odds ratio) あるいは条件付きの対数オッズ比 (conditional log odds ratio) という．通常の処置効果の推定におけるロジスティック回帰とは z と y が入れ替わっているが，上述のオッズ比の同等性により，(9.10) からオッズ比が推定できる．

9.2.2 対応のある場合

ケースに対し，コントロールの候補母集団から，マッチングなどによって実際のコントロールを選ぶときは，対応のあるデータとなる．この場合の確率の定義は表9.5のようであり，N組の観測データがある場合には，観測度数は表9.6のようになる．

表9.5 対応がある場合の確率の定義

確率		対照 ($Y=0$)		
		曝露 ($Z=1$)	非曝露 ($Z=0$)	計
症例 ($Y=1$)	曝露 ($Z=1$)	π'_{11}	π'_{10}	q_1
	非曝露 ($Z=0$)	π'_{01}	π'_{00}	$1-q_1$
	計	q_0	$1-q_0$	1

表9.6 対応がある場合の観測度数

度数		対照 ($Y=0$)		
		曝露 ($Z=1$)	非曝露 ($Z=0$)	計
症例 ($Y=1$)	曝露 ($Z=1$)	a'	b'	$a'+b'$
	非曝露 ($Z=0$)	c'	d'	$c'+d'$
	計	$a'+c'$	$b'+d'$	N

この場合のオッズ比は $\omega_{\text{(paired)}} = \pi'_{10}/\pi'_{01}$ で定義され，$\hat{\omega}_{\text{(paired)}} = OR_{\text{(paired)}} = b'/c'$ で推定される．対数オッズ比の標準誤差は

$$SE[\log \hat{\omega}_{\text{(paired)}}] = \sqrt{\frac{1}{b'} + \frac{1}{c'}} \tag{9.11}$$

となる．$\log \hat{\omega}_{\text{(paired)}}$ の漸近正規性と (9.11) の標準誤差により $\omega_{\text{(paired)}}$ に関する統計的推測を行うことができる．ここで注意すべきは，ω の推定に曝露の有無の一致したペア a' および d' は用いられていない点である．これにより，解析に用いられるサンプルサイズが著しく減少することになる．

サンプルサイズの減少を防ぐため，コントロールの候補の個体数が多い場合に，1:1 マッチングではなく，1:k マッチングとすることが考えられる．このとき，k をいくつにしたらよいかの便利な指標として，対数オッズ比の推定量の漸近分散（フィッシャー情報量（Fisher information）の逆数）の減少の程度

がある．Keogh and Cox（2014）によれば，$1:1$ マッチングに比べ，$1:k$ マッチングとした場合の漸近分散の減少は $(k+1)/(2k)$ となる．興味深いことに，この比率はマッチングがない場合にも同じ値になることが示される．図 9.1 に $(k+1)/(2k)$ のグラフを示したが，$k \geq 5$ ではグラフはほぼ平坦であり，マッチング相手の数を増やしても分散の減少分はそう多くない（k を 5 から 10 に増やしても，コストは 2 倍になるが，分散の減少分は 5% である）．

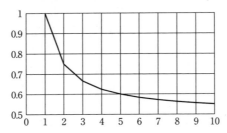

図 9.1 $1:k$ マッチングによるオッズ比の推定量の分散

9.3 計算例と対応の有無の比較

本節では，9.2 節で扱ったオッズ比の推定法とマッチング法の評価を具体的な数値例を基に述べる．また，対応の有無における解析法の比較を，Miettinen (1968, 1970)，Bross (1969) の論争を引用しつつ述べる．

例 9.1 乳がんと生存率　Miettinen (1968) には，乳がんの患者（$Y=1$）と年齢や人種などでマッチングさせた対照（$Y=0$）との間で，過去の母乳の授乳の有無（$Z=1$：母乳授乳あり，$Z=0$：母乳授乳なし）を調査した後ろ向きのケース・コントロール研究の結果が示されている（表 9.7）．表 9.7 はマッチングによる対応があるとした場合の集計であるが，これを対応なしとすると表 9.8 のようになる．

表 9.7 のデータに対するマクネマー検定の検定統計量の値は

$$y_{(\text{paired})} = (43-27)^2/(43+27) = 16^2/70 = 3.657$$

であり，自由度 1 のカイ 2 乗分布に基づく P 値は 0.056 である．オッズ比は

9.3 計算例と対応の有無の比較

表9.7 乳がんと母乳授乳のケース・コントロール研究の結果

度数		対照 ($Y=0$)		
		$Z=1$	$Z=0$	計
症例 ($Y=1$)	$Z=1$	165	43	208
	$Z=0$	27	23	50
	計	192	66	258

表9.8 対応がないとした場合の集計

度数	症例 ($Y=1$)	対照 ($Y=0$)
$Z=1$	208	192
$Z=0$	50	66
計	258	258

$\hat{\omega}_{(paired)} = 43/27 = 1.593$ であり，対数オッズ比は $\log \hat{\omega}_{(paired)} = 0.465$，その標準誤差は $SE[\log \hat{\omega}_{(paired)}] = \sqrt{1/43 + 1/27} = 0.246$ となって，対数オッズ比に基づくカイ2乗統計量は $(0.465/0.246)^2 = 3.592$ となる．このときの P 値は 0.058 である．

それに対し，対応がないとした表9.8のデータに対するピアソン・カイ2乗検定の検定統計量の値は

$$y_{(Pearson)} = 516(208 \times 66 - 192 \times 50)^2 / (400 \times 116 \times 258 \times 258) = 2.847$$

であり，自由度1のカイ2乗分布に基づく P 値は 0.092 である．オッズ比は $\hat{\omega} = \{(208 \times 66)/(192 \times 50)\} = 1.430$ であり，対数オッズ比は $\log \hat{\omega} = 0.358$，その標準誤差は $SE[\log \hat{\omega}] = \sqrt{1/208 + 1/192 + 1/50 + 1/66} = 0.213$ となって，対数オッズ比に基づくカイ2乗統計量は $(0.358/0.213)^2 = 2.832$ となる．このときの P 値は 0.092 である．マッチングを考慮した対応のある解析のほうが若干よい結果（P 値が小さい）を与えているが，結果は著しく変わるものでもない．

Miettinen (1968) は，例9.1の計算例を挙げつつマッチングは必ずしも推定精度を向上させないとしているが，それに対して Bross (1969) は異議を唱え，さらに Miettinen は，Miettinen (1970) においてそれに反駁している．Miettinen (1970) では，観察研究におけるマッチングは妥当性と効率を増すために行われるが，なかでも妥当性の議論がきわめて重要であるとしている．妥当性とは，目的とする処置や介入などの効果の推定における偏りの排除もしくはできる限

りの軽減を意味する．すなわち，群間比較における比較可能性を担保するものである．それに対し効率は，与えられたサンプルサイズの下で，推定における精度や検定における検出力を意味するものであるとしている．そして，後ろ向き研究におけるマッチングが効率に影響を与えるとすれば，それは効率を上げるのではなく下げる方向に働く．この効率のロスは，マッチング因子が曝露に影響を与えるときにのみ現れる．そうでないと効率はマッチングにより影響を受けないとも述べている．

Miettinen によれば，マッチング因子は次のように分類される：
(1) 曝露に関係しない： このとき，妥当性も効率もマッチングにより影響を受けない．マッチングは，それがいくら結果と強く影響するとしても，無駄である．
(2) 曝露に関係する： 次の2つを区別する．
　(a) 結果にも影響を与える： マッチングは妥当性に寄与するが，効率に寄与しない．むしろ有意な結果が得られにくくなる．マッチングは交絡を避けるために使われる．
　(b) 結果には影響を与えない： マッチングは妥当性には無関係であるが効率を減ずる．マッチングは効率の観点からは避けるべきである．

マッチングは，5.1節で述べたように，推定の妥当性の確保もしくは推定効率の向上のために行われる．各症例に対しマッチング変数が近い個体を対照として選択する場合には，マッチングの主たる目的は推定効率の向上である．それに対し，5.3節で述べた傾向スコアによるマッチングでは，症例群と対照群間の共変量の分布は類似になるにしても，各個体同士の距離の意味での近さは保証の限りではない．したがってこの場合のマッチングの主目的は，症例群と対照群の比較可能性を高めることによる推定の妥当性の確保である．

ケース・コントロール研究におけるマッチングによる推測法の評価に関してはさまざまな側面を考慮する必要があり，マッチングの評価は，上記の Bross と Miettinen の論争などもあり，文献上もやや混乱気味である（Rose and van der Laan, 2009）．

たとえば，マッチングに基づく対応のあるデータの解析（具体的には条件付きロジスティック解析の適用）では，サンプルサイズの減少を招き推定効率が

悪化する．加えて，マッチングによってコントロールの候補集団からコントロールを選択した時点ですでにサンプルサイズは減少しているではないか，という指摘もある．また，マッチング変数が交絡変数，すなわち曝露にも事象の生起にも関係した変数であるならば，当然解析段階で共分散分析などによる何らかの調整があってしかるべきであり，マッチングの是非は，そのようなサンプルサイズの減少や解析段階での調整の結果ともあいまって判断すべきではないか，などの意見がある．

　共分散分析による事後的な解析では現象のモデル化が不可避であり，そのモデル化の妥当性も考慮されなければならない．また，マッチング変数の選択の問題もある．ケース・コントロール研究では，コホート研究と時間の流れが逆であるので，交絡変数の定義そのものも明確にする必要がある．

Chapter 10

欠測への対処法

統計的因果推論は欠測の問題としてとらえることができる．その意味では欠測の問題の理解は重要である．それに加え，データの欠測は実際の統計解析では不可避的に生じ，その対処法には注意が必要である．本章では，欠測のパターンと欠測メカニズムを概説したあと，傾向スコアを利用した欠測への対処法を述べる．

10.1 欠測のパターンとメカニズム

データに欠測（欠損，欠落ともいう）を含むデータ解析では，欠測をそのパターンおよびメカニズムで分類することが重要である．

10.1.1 欠測のパターン

欠測のパターンには単調（monotone）な場合とそうでない場合とがある．欠測パターンが単調であるとは，行列形式で表される多変量データの行あるいは列の並べ替えが可能な場合にはそれらを並べ替えて，欠測部分が右下に集まるようにできる場合をいう（表 10.1）．表 10.1 では，観測データを"∗"で，欠測データを"?"で表している．各行が独立な標本で，列変数が身長，体重のような順序をもたない場合には行および列の並べ替えは可能であるが，列が観測時点を表す場合には列の並べ替えはできない．表 10.1 で，行の ID が各個体，列の X1〜X4 が観測時点を表し，個体の測定値の欠測は研究からの脱落（drop out）によってのみ生じる場合には，行の適当な並べ替えによって単調な欠測パターンが得られる．1 度欠測が生じても次の回以降に研究に復帰するような場合には欠測パターンは単調ではない．

10.1 欠測のパターンとメカニズム

表 10.1 単調な欠測パターン

	X1	X2	X3	X4
ID1	*	*	*	*
ID2	*	*	*	*
ID3	*	*	*	*
ID4	*	*	*	*
ID5	*	*	*	*
ID6	*	*	*	?
ID7	*	*	?	?
ID8	*	*	?	?
ID9	*	?	?	?
ID10	*	?	?	?

欠測パターンが単調なときは，観測部分の条件付きで欠測部分を解析に取り込んだり，観測部分を用いて欠測部分への何らかの値の補完が容易にできるというメリットがある．欠測パターンが単調でないときは，これらの手法の実行には繰り返し計算を必要とすることが多く，解析が厄介なものとなる（詳しくは Little and Rubin（2002），岩崎（2002），阿部（2016）などを参照）．

10.1.2 欠測のメカニズム

欠測を含むデータ解析では，欠測の生じ方を表す欠測メカニズムの同定が不可欠である．欠測メカニズムは無視可能（ignorable）か無視可能でない（nonignorable）かに区別される．大雑把にいえば，欠測が無視可能であるとは，データの欠測部分が欠測ではなく計画段階から観測を意図していなかったものとして解析しても結論に違いがないときのことである．そうでないときは無視可能でない．

観測変数を Y とし，欠測を表すダミー変数（欠測インジケータ）を R（1：観測，0：欠測）とする．また，観測される共変量を X としたとき，欠測が無視可能であるとは，Y と R が X の条件付きで独立，すなわち

$$Y \perp R \mid X \tag{10.1}$$

となることをいう．これは，3.4 節の（3.20）の条件付き独立性と同じ定義である．欠測が無視可能かどうかは欠測メカニズムによる．欠測メカニズムは

(1) 欠測は完全にランダム（Missing Completely At Random：MCAR）

(2) 欠測はランダム（Missing At Random：MAR）
(3) 欠測はランダムでない（Missing Not At Random：MNAR）

の3種類に分類される（Little and Rubin, 2002）．欠測メカニズムがMCARであれば欠測は常に無視可能である．MARでは，分析の目的と解析手法によっては，欠測は無視可能となる．逆にいえば，妥当な解析法を選択しないと解析結果に偏りを生じてしまう．

上述の3種類の欠測メカニズムの区別は，2変量データ（x_1, x_2）で，x_1はすべて観測されるが，x_2には欠測を生じる可能性がある場合を考えるとわかりやすい．処置の前後でデータをとる処置前後研究（before-after study）で，処置前値は全個体について観測されているが，処置後値は欠測となる個体がある場合に相当する．また，(10.1)の条件では，x_1がXに，x_2がYに対応している．2変量データでは上述の欠測メカニズムはそれぞれ

(1) MCAR： 欠測はx_1およびx_2の両方の値に依存しない
(2) MAR： 欠測はx_1の値のみに依存し，x_2の値には依存しない
(3) MNAR： 欠測はx_2（およびx_1）の値に依存する

となる．

欠測メカニズムがMCARであるとは，たとえば10組の観測値を得ようと計画したが，7組のみ（x_1, x_2）の両方が実際に観測され，3組はx_2が欠測となった場合と，その3組は最初からx_2を観測する予定がなく，（x_1, x_2）の両方を観測する予定であったのは7組のみであった場合とが同じ結果を与えることを意味する．

欠測がMARである例としては，x_1の値が大きいときにx_2が得られない場合がある．x_1とx_2の間に正の相関があれば，欠測となったx_2の値も大きいことが予想されるので，欠測を無視して単純に観測データのみの平均を求めたりすると解析結果に偏りをもたらす．この場合はx_1の条件付きでのx_2の分布を考えることにより偏りのない解析が可能となる．すなわち，解析法を工夫すれば欠測は無視可能となるが，そうでない場合には無視可能とはならない．

欠測データへの代表的な対処法としては，

（i）1箇所でも欠測がある個体（ケース）は取り除き（case-wise deletion），完全データとして解析：complete-case analysis.

(ⅱ) 個体のどこかの変量に欠測があっても他の得られた観測値を使って解析：available-case analysis.
(ⅲ) 欠測値に何らかの値を代入して（「補完」あるいは「埋め込み」ともいう）完全データの手法を適用：imputing or fill-in methods.
(ⅳ) 欠測はそのままモデル化して解析：direct methods.

がある．

　これらのうち，実際のデータ解析で（ⅰ）の対処法をみかけるが，これは，欠測メカニズムがMCARでない限り解析結果に偏りをもたらす．（ⅱ）あるいは（ⅲ）ではMARが仮定されることが多い．欠測がMNARの場合には，欠測メカニズムを適切に考慮したモデル化に基づく分析（ⅳ）が必要となる．欠測メカニズムがMCARなのかMARなのかMNARなのかを，観測データから判別するのは困難である．データ取得の状況を適切に評価しなくてはならない．

　上述のうち（ⅲ）の欠測箇所に値を代入する補完法は，擬似的とはいえ完全データとすることにより，通常の統計解析手法がそのまま使えるというメリットがある．次節で補完法について概観する．

10.2　補　完　法

　欠測箇所に値を代入して（補完，埋め込みともいう），みかけ上は欠測データがない擬似的な完全データセットをつくる方法を一般に補完法という．擬似的ではあるが欠測のないデータセットを得ることができれば，それに対しては通常の統計解析ソフトウェアがそのまま使えるというメリットがある．ここでは，種々の補完法と，補完値の選択を傾向スコアを用いて行う方法を述べる．

10.2.1　種々の補完法

　補完法には，欠測箇所に1つの値を代入する単一値代入法（single imputation）と，同じ欠測箇所に複数個の値を代入し擬似的な完全データセットを複数個作成する多重代入法（multiple imputation）がある．

　単一値代入法としては，代入値によって以下のようなものがある．
（ⅰ）平均値：　欠測の生じた変量の観測データから求めた平均値を欠測箇所

に代入する．欠測が MCAR ならば平均値の推定は偏りをもたないが分散を過小評価する．欠測が MAR では平均値にも偏りが生じる可能性がある．
(ⅱ) 最悪値： 当該変量の何らかの意味での最も悪い値を代入．最悪のケースを考えるという意味では有用ではあるが，結果として平均値の偏りを生じ，データの変動を過大評価する．
(ⅲ) 回帰： 同じ個体内の観測されている変量の値を用いて欠測値を予測する．欠測メカニズムが MAR であれば平均値に偏りは生じないが，分散を過小評価する．
(ⅳ) Hot Deck： 背景データの似ている個体を同じデータセット内から探してその値を欠測値の代わりに用いる．MCAR はもちろん MAR でも MNAR でも計算結果に偏りは生じない．しかし，適切な個体のデータを探し出すのは容易ではない．
(ⅴ) Cold Deck： 背景データの似ている個体を異なるデータセットから探してその値を欠測値の代わりに用いる．データセットが異なることの影響の評価が必要である．

単一値代入法では，値の補完によって擬似的な完全データセットはできるが，補完された値が観測データであるのか，補完した値であるのかの区別ができず，推定量の標本分散の過小評価を招く．そこで，補完値を複数個生成する多重代入法（Rubin, 1987）が，使いやすいソフトウェアの提供もあり，実用に供されている．

10.2.2 補完値の生成

欠測箇所に代入する値の選び方には，10.2.1項で述べたように，いくつかの方法がある．平均値と最悪値はわかりやすい補完値であるが，代入した結果は統計的によい性質をもたない．回帰式による代入は，回帰式に関する正規性や線形性などの何らかの仮定を必要とする．しかし，想定した回帰モデルが妥当なものであるとの保証がない場合には，分布形によらない代入値の生成が必要となる．ここでは Hot Deck 法を用いる．すなわち，第 k 変量の値 x_k が欠測となった個体に対し，その個体の観測部分と変量の値が類似しているデータで x_k が観測されているものを選び出し，その選び出したデータの x_k を欠測部分に代

入する．ここでの問題は類似したデータの選び方である．一般に，観測部分も多変量であり，それらが類似しているデータを選び出すのは容易ではない．そこで次のように工夫する．

第 k 変量の観測・欠測を示す欠測インジケータを R_k（1：観測，0：欠測）とし，確率 $p_k = P(R_k=1)$ をデータの観測部分から推定する．この確率 p_k は第3章で導入した傾向スコアである．傾向スコアの推定にはたとえばロジスティック回帰

$$\mathrm{logit}(p_k) = \log\left(\frac{p_k}{1-p_k}\right) = \beta_0 + \beta_1 x_1 + \cdots + \beta_{k-1} x_{k-1} \tag{10.2}$$

を用いればよい．各個体の傾向スコアが求められたら，欠測個体の傾向スコアの値と類似の個体をマッチングにより観測部分から選び出し，そのときの x_k の値を代入値とする．

あるいは，傾向スコアの大きさにより全体をいくつかのグループに分ける（層化）．その場合，各グループ内の個体数がなるべく均等になるようにする．グループ数をいくつにするかは議論のあるところであるが，実用上5つ程度がいいとされている（第7章参照）．このようにして得られたあるグループには，第 k 変量の観測値が得られている個体が n_1 個，欠測になった個体が n_0 個あるとする（通常は $n_1 > n_0$ である）．欠測した n_0 個への代入値は次の2段階によって求める：

(1) n_1 個の観測値から復元抽出により n_1 個の個体を選ぶ．
(2) 次に，選んだ n_1 個の中から n_0 個の代入値を復元抽出により選び出す．

この方法は近似的ベイズ・ブートストラップ法（approximate Bayesian bootstrap：ABB）とも呼ばれる．

欠測への対処法については，近年の統計理論の整備と使いやすいソフトウェアの普及によって，さまざまな手段が実用に供されるようになってきた．しかし，欠測値を復元することはできないので，欠測を生じさせない努力が最も重要である．

Supplement A
数学的定式化と因果推論

　確率統計の教科書では，独立性や条件付き独立性が数学的に定義される．数学的な定義は，その現実的な意味や解釈を極力省いた抽象的なものであり，その抽象性がゆえにさまざまな応用の場面で等しく適用可能となっている．しかし，本書で扱う統計的因果推論の立場からは，その現実的な意味や解釈がきわめて重要であり，数学的な定義だけでは間に合わない事柄が多くある．ここでは，数学的な定義に因果推論的な意味を与えながら，それらを概観する．なお以下では，それが特段の意味をもたない限り，定義される確率は0よりも大きいとする．

A.1 確率と条件付き確率

　事象 A の確率（probability）$P(A)$ は，数学的にはコルモゴロフによる確率の公理，すなわち，標本空間を Ω としたとき，

(i) $P(\Omega) = 1$, (ii) $0 \leq P(A) \leq 1$,

(iii) $A_i \cap A_j = \phi (i \neq j) \Rightarrow P(A_1 \cup A_2 \cup \cdots) = P(A_1) + P(A_2) + \cdots$

を満たす実数として定義され，紛れはない．しかし現実には，上記公理を満たす現象は多くあり，比率（proportion）もその1つである．母集団で，ある性質 A をもつものの比率（全体に対する割合）を p_A とする．そして，この母集団からランダムに1つ個体を抽出したとき，それが性質 A をもつ確率は $p_A = P(A)$ である，という使い方をする．しかし，母集団での A の確率は $P(A)$ であると表現しても，多少の混乱はあるかもしれないがあまり不都合はなく，本書でもそのような使い方をしている箇所がある．

　また，これから起こるかどうかが不明な事象 A に対してその確率が $P(A)$ であるといういい方は常にされようが，結果そのものは出ているがそれを知らな

い場合（昨日のサッカーの試合でAチームが勝っていたかどうか）でも、Aであった確率$P(A)$といってよいかどうかは、多少の議論が必要である。本書ではそれも確率ととらえている。確率の解釈を頻度論やベイズ的アプローチにまで広げれば、その守備範囲はさらに広くなり、混乱の度も増してくる。これらをすべて$P(A)$という同じ記号で表す。

事象A、Bに対し、Bが与えられた下でのAの条件付き確率（conditional probability）は

$$P(A \mid B) = \frac{P(A \cap B)}{P(B)} \tag{A.1}$$

と定義される。これも数学的には紛れのない定義である。しかし、因果推論ではこれらの事象の意味によってその解釈が変わる。たとえば、ある就職支援プログラムへの参加が実際に職を得るのに有効であるかどうかを調べるとし、Yを2値の結果変数（$Y=1$：職が得られた、$Y=0$：職が得られなかった）、Zをプログラムへの参加を表す2値変数（$Z=1$：参加する、$Z=0$：参加しない）、Xを性別（$X=1$：男性、$X=0$：女性）とする。このとき、

$$p_1 = P(Y=1 \mid Z=1) \tag{A.2a}$$

は、プログラムに参加した人が職を得る確率であり、

$$p_0 = P(Y=1 \mid Z=0) \tag{A.2b}$$

は、プログラムに参加しない人が職を得る確率である。これらの比較により処置効果を評価しようという議論が第3章のテーマである。

それに対し、

$$q_1 = P(Y=1 \mid X=1) \tag{A.3a}$$

および

$$q_0 = P(Y=1 \mid X=0) \tag{A.3b}$$

は、それぞれ男性が職を得る確率および女性が職を得る確率である。（A.2）が「ZとするときYとなる確率」であるのに対し、（A.3）は「XであるときYとなる確率」で、因果推論の立場からは、同じ個人iがプログラムに参加したときの結果$Y_i(Z_i=1)$と参加しなかったときの結果$Y_i(Z_i=0)$は両方想定しうることから、p_1とp_0の比較は処置効果の評価として意味をもつとされるが、同じ個人iが男性であるときの結果$Y_i(X_i=1)$と女性であるときの結果$Y_i(X_i=0)$は想

定できないことから，q_1 と q_0 の比較は因果効果とはみなされない．もちろん q_1 と q_0 の比較は性差別の議論では重要であるが，ここではそれを処置効果とはしないということである．（A.2）と（A.3）を区別するために，たとえば（A.2）に関しては $P(Y=1 \mid \text{set}(Z=1))$ あるいは $P(Y=1 \mid \text{do}(Z=1))$ というような記号を用いることもある．

また，同じ（A.2）であっても，プログラムへの参加・不参加が個人の意思であるのか，あるいは就職プログラムの評価の実験研究で参加・不参加が研究者によってランダムに割当てられたかどうかの区別も，因果推論の議論では鍵となる重要な要素である．しかしその区別は，（A.1）はもちろん，（A.2）からもみえてはこない．

A.2 独 立 性

まず，事象の独立性から始める．事象 A, B に対し，それらの生起する確率を $P(A)$, $P(B)$ とし，それらの同時確率を $P(A \cap B)$ としたとき，

$$P(A \cap B) = P(A)P(B) \tag{A.4}$$

であれば，A と B は互いに独立（mutually independent）であるという．事象の独立性は，独立性の議論の第一歩であり，ここからさまざまな展開をみせるのであるが，事象の独立性それ自身が現実的な意味をもつことは少ない．

たとえば，さいころを1回振ったとき，A を偶数の目が出る事象，B を4以下の目が出る事象とすると $P(A \cap B) = 1/3$ であり，$P(A) = 1/2$ および $P(B) = 2/3$ であるので，$P(A)P(B) = 1/3$ となって定義から A と B とは互いに独立となる．しかしこれは，確率計算の練習の域を出ない．

独立性がその威力を発揮するのは，試行の独立性と確率変数の独立性である．試行を2回繰り返し，1回目の試行の結果を A, 2回目の試行の結果を B としたとき，

$$P(A \cap B) = P(A)P(B) \tag{A.5}$$

がすべての可能な値で成り立てば，それらの試行は互いに独立である．さいころを2回振り，1回目の結果を A とし，2回目の結果を B とすると（A.5）が成り立つが，これは実際問題でも独立試行として意味がある．（A.5）は，数学

的には（A.4）と同じ表現であるが，その実際的な意味はまったく異なる．

独立性の条件（A.5）は（形式的に（A.4）も），条件付き確率（A.1）を用いて

$$P(A \mid B) = P(A) \tag{A.6a}$$

あるいは

$$P(B \mid A) = P(B) \tag{A.6b}$$

と表現できる．これらは同値な条件であり，どちらか片方のみで独立性が定義される．（A.5）では A と B の役割が対称的であるが，（A.6a，b）のいずれか一方だけでは A と B は表現上対称的ではなく，「互いに」の部分がみえづらい．しかし（A.6a，b）は，A（もしくは B）の生起いかんに B（もしくは A）がかかわっていないという意味は明確である．

（離散型）確率変数 Z と X に対し，それぞれのとりうるすべての値 z および x に対し，

$$P((Z=z) \cap (X=x)) = P(Z=z)P(X=x) \tag{A.7}$$

が成り立つとき，Z と X とは互いに独立であるといい，$Z \perp X$ と書く．（A.7）は，（A.6a，b）と同様

$$P(Z=z \mid X=x) = P(Z=z) \tag{A.8a}$$

あるいはそれと同値の

$$P(X=x \mid Z=z) = P(X=x) \tag{A.8b}$$

とも表される．いずれの場合も $X \perp Z$ が導かれるが，（A.7）のほうが定義が対称的であるがゆえにそれが容易に理解されやすい．

しかし因果推論的に，Z を処置の割付け変数，X を共変量とすると，（A.8a）は，割付け Z に対して共変量 X が影響を与えていないという意味が明確である．そもそも，共変量があり，それに基づいて処置が決まるという一方向的な関係があるので（処置によって影響される変数は共変量とは呼ばない），共変量 X と割付け Z の同時確率 $P((Z=z) \cap (X=x))$ そのものをどうとらえたらよいかが判然とせず，独立性の定義としては（A.8a）のほうが望ましいともいえる．逆に（A.8b）は，処置の割付けをみて，処置群と対照群間で共変量に差があるかどうかを確認するという意味で用いられる．いずれにせよ，同時分布ではなく条件付き分布が主役となる．

なお，第3章のように，潜在的な結果を $\{Y(1), Y(0)\}$ とし，観測される結果を $Y = ZY(1)+(1-Z)Y(0)$ とした場合の，潜在的な結果と処置との独立性 $\{Y(1), Y(0)\} \perp Z$ と観測結果と処置の独立性 $Y \perp Z$ とは異なる．前者は，割付け Z がランダムであることを意味し，後者は処置効果が観測結果からはみられないことを意味する．

これまでは独立な場合を扱ったが，独立でないときはどうなっているのであろうか．ここでは，X を連続量でその確率密度関数を $f(x)$ とし，Z を2値（1, 0）の割付け変数として $p = P(Z=1)$ とする．X の条件付き確率密度関数をそれぞれ $f(x|1), f(x|0)$ とすると，独立な場合は（A.8b）より $f(x|1) = f(x|0) = f(x)$ である．したがって，独立でない場合は $f(x|1) \neq f(x|0)$，すなわち，処置群と対照群とで共変量の分布が異なっていることを意味する．独立性の条件（A.8a）は，共変量の各値 x ごとに，その共変量をもつ個体の各群への割付け確率が同じことを意味するので，独立でない場合は，それら割付け確率が x によって異なることになる．しかしこれは概念的には重要な性質ではあるが，実際の評価は難しい．

A.3　条件付き独立性

事象 A, B, C に対し，
$$P(A \cap B | C) = P(A|C)P(B|C) \tag{A.9}$$
が成り立つとき，A と B は C が与えられた下で条件付き独立（conditionally independent）であるという．(A.9) は，(A.6) と同様に条件付き確率を用いて
$$P(A|B, C) = P(A|C) \tag{A.10}$$
とも表現できる．(A.11) の表現では，(A.6) と同様に A と B の対称性がみづらい．

確率変数の場合は，3つの確率変数 Y, Z, X に対し，Y と Z のとりうる値すべてに対して
$$P((Y=y) \cap (Z=z) | X=x) = P(Y=y | X=x)P(Z=z | X=x) \tag{A.11}$$
が成り立つとき，Y と Z は，$X=x$ が与えられた下で条件付き独立であるとい

い，$Y \perp Z | X=x$ と書く．あるいは，(A.10) と同様に，条件付き確率を用いて

$$P(Y=y | Z=z, X=x) = P(Y=y | X=x) \quad (A.12)$$

が成り立つときに条件付き独立としてもよい．そして，すべての x に対して (A.11) もしくは (A.12) が成り立つとき，Y と Z は，X が与えられた下で条件付き独立であるといい，$Y \perp Z | X$ と書く．条件付き独立と区別するため (A.12) の $Y \perp Z$ を周辺独立 (marginally independent) ということもある．また，すべてのとりうる値に対して

$$P((Y=y) \cap (Z=z) \cap (X=x)) = P(Y=y)P(Z=z)P(X=x) \quad (A.13)$$

が成り立つとき，Y, Z, X は互いに独立であるという．(A.13) が成り立てば，任意の2変数間の独立性，条件付き独立性などはすべて成り立つが，逆は真でない．たとえば，3つの2変数間の独立性 $Y \perp Z$ と $Y \perp X$ と $Z \perp X$ が成り立っても，Y, Z, X は互いに独立であるとは限らない．

因果推論では，処置の割付け Z と結果変数 Y および共変量 X の間の関係が重要で，条件付き独立性 $Y \perp Z | X$ が主要な役割を果たす（正確にいうと，潜在的な結果 $\{Y(1), Y(0)\}$ に関する条件付き独立性 $\{Y(1), Y(0)\} \perp Z | X$ である）．このときも時間的経過は重要で，まず X があり，次に Z，そして最後に Y である．X は共変量であるので，X は Z に影響を与えるかもしれないが，X は Z から影響を受けてはならない．たとえば X は A.1 節同様性別（$X=1$：男性，$X=0$：女性）であるとき，

$$P(Z=1 | X=1) \neq P(Z=1 | X=0) \quad (A.14)$$

は，性別によって処置を受ける ($Z=1$) 確率が異なることを意味するが，ベイズの定理により，

$$P(Z=1 | X=1) = P(X=1 | Z=1)P(Z=1)/P(X=1)$$

および

$$P(Z=1 | X=0) = P(X=0 | Z=1)P(Z=1)/P(X=0)$$

であり，X は性別であるので $P(X=0) = P(X=1)$ とすると，(A.13) から

$$P(X=1 | Z=1) \neq P(X=0 | Z=1) \quad (A.15)$$

が導かれる．この導出は数学的には正しいが，(A.15) は処置 ($Z=1$) によって性別の比率に違いがあるという意味になってしまい，これを性別が処置によっ

て影響を受けていると解釈することはできない．1.5節の矢線表示（DAG）$X \to Z$ と $Z \to X$ は，意味上は明確に区別しなくてはならないが，数学上は区別が付かない．

割付け Z がランダムで $Y \perp Z$ であるときは，Z はすべての変量と独立であるので当然

$$Y \perp Z \Rightarrow Y \perp Z | X \tag{A.16}$$

であるべきだが，独立性と条件付き独立性の数学的な定義からは，$Y \perp Z$ であっても，$Y \perp Z | X$ であるとは限らず，逆に，X のすべての値に対して $Y \perp Z | X$ であっても $Y \perp Z$ とは限らない．1.6節で述べたシンプソンのパラドクスは，$Y \perp Z$ であっても $Y \perp Z | X$ であるとは限らない例となっている．独立性 $Y \perp Z$ は，第3章で条件付き独立性 $Y \perp Z | X$ よりも強い意味での無視可能性として現れた条件である．「強い」のであれば当然（A.16）が成り立つと思われがちであるが，数学的にはそうではない．どのような X で条件を付けたのかに依存してしまう．すなわち，数学的な条件付き確率と条件付き独立性の定義だけでは不足であり，常にその意味を考慮に入れる必要がある．その際は1.5節の矢線表示が考える拠所であり，強力な武器となる．

文 献

ここでは，単行本と学術論文に分けて参考文献を示す．特に学術論文の中で比較的読みやすく有益である解説論文および総合報告にはアスタリスクを付けた．

単 行 本

阿部貴行（2016）欠測データの統計解析（統計解析スタンダード）．朝倉書店．

甘利俊一・狩野　裕・佐藤俊哉・松山　裕・竹内　啓・石黒真木夫（2002）多変量解析の展開—隠れた構造と因果を推理する—．岩波書店．

岩崎　学（2002）不完全データの統計解析．エコノミスト社．

岩崎　学（2004）統計的データ解析のための数値計算法入門（統計ライブラリー）．朝倉書店．

岩崎　学（2010）カウントデータの統計解析（統計ライブラリー）．朝倉書店．

大森義明・小原美紀・田中隆一・野口晴子（訳）（2013）「ほとんど無害」な計量経済学—応用経済学のための実証分析ガイド—．NTT 出版（Angrist and Pischke（2009）の邦訳）．

狩野　裕・三浦麻子（2002）AMOS, EQS, CALIS によるグラフィカル多変量解析（増補版）—目で見る共分散構造分析—．現代数学社．

木原雅子・木原正博（訳）（2008）医学的研究のための多変量解析——般回帰モデルからマルチレベル解析まで—．メディカル・サイエンス・インターナショナル（Katz（2006）の邦訳）．

木原雅子・木原正博（訳）（2013）医学的介入の研究デザインと統計—ランダム化／非ランダム化研究から傾向スコア，操作変数法まで—．メディカル・サイエンス・インターナショナル（Katz（2010）の邦訳）．

黒木　学（訳）（2009）統計的因果推論—モデル・推論・推測—．共立出版（Pearl（2000）の邦訳）．

丹後俊郎・山岡和枝・高木晴良（2013）新版ロジスティック回帰分析—SAS を利用した統計解析の実際—（統計ライブラリー）．朝倉書店．

豊田秀樹（1998）共分散構造分析［入門編］—構造方程式モデリング—（統計ライブラリー）．朝倉書店．

日本統計学会（編）（2013）統計検定 問題と解説（2012 年）1 級・RSS/JSS 試験．実務教育出版．

文　献

星野崇宏（2009）調査観察データの統計科学—因果推論・選択バイアス・データ融合—．岩波書店．

宮川雅巳（2004）統計的因果推論—回帰分析の新しい枠組み—（シリーズ〈予測と発見の科学〉1）．朝倉書店．

矢野栄二・橋本英樹（監訳）（2004）ロスマンの疫学—科学的思考への誘い—．篠原出版新社（Rothman（2002）の邦訳）．

Angrist, J. D. and Pischke, J. -S.（2009）*Mostly Harmless Econometrics：An Empiricist's Companion*. Princeton University Press.

Berk, R. A.（2004）*Regression Analysis：A Constructive Critique*. Sage Publications.

Berzuini, C., Dawid, P. and Bernardinelli, L.（2012）*Causality：Statistical Perspectives and Applications*. John Wiley & Sons.

Best, H. and Wolf, C.（2015）*Regression Analysis and Causal Inference*. Sage Publications.

Cohen, J.（1988）*Statistical Power Analysis for the Behavioral Sciences, Second Edition*. Lawrence Erlbaum.

Cox, D. R.（1958）*Planning of Experiments*. John Wiley & Sons.

Ellis, P. D.（2010）*The Essential Guides to Effect Sizes：Statistical Power, Meta-Analysis, and the Interpretation of Research Results*. Cambridge University Press.

Faries, D., Leon, A. C., Haro, J. M. and Obenchan, R. L.（2010）*Analysis of Observational Health Care Data Using* SAS®. SAS Institute.

Fleiss, J. L.（1981）*Statistical Methods for Rate and Proportions, Second Edition*. John Wiley & Sons.

Freedman, D. A.（2010）*Statistical Models and Causal Inference：A Dialogue with the Social Sciences*. Cambridge University Press.

Gelman, A. and Hill, J.（2007）*Data Analysis Using Regression and Multilevel/Hierarchical Models*. Cambridge University Press.

Greene, W. H.（2008）*Econometric Analysis, Sixth Edition*. Pearson Education.

Guo, S. and Fraser, M. W.（2015）*Propensity Score Analysis：Statistical Methods and Applications, Second Edition*. Sage Publications.

Hernán, M. A. and Robins, J. M.（2015）*Causal Inference*. Chapman & Hall.

Holms, W. M.（2014）*Using Propensity Scores in Quasi-Experimental Designs*. Sage Publications.

Imbens, G. W. and Rubin, D. B.（2015）*Causal Inference in Statistics, Social, and Biomedical Sciences：An Introduction*. Cambridge University Press.

Katz, M. H.（2006）*Multivariate Analysis：A Practical Guide for Clinicians, Second Edition*. Cambridge University Press.

Katz, M. H.（2010）*Evaluating Clinical and Public Health Interventions：A Practical Guide to Study Design and Statistics*. Cambridge University Press.

Keogh, R. H. and Cox, D. R.（2014）*Case-Control Studies*. Cambridge University Press.

Little, R. J. A. and Rubin, D. B.（2002）*Statistical Analysis with Missing Data, Second Edition*. John Wiley & Sons.

MacKinnon, D. P. (2008) *Introduction to Statistical Mediation Analysis*. Taylor & Francis.
Moore, D. S., McCabe, G. P. and Craig, B. A. (2012) *Introduction to the Practice of Statistics, Seventh Edition*. W. H. Freeman & Company.
Morgan, S. L. (Ed.) (2013) *Handbook of Causal Analysis for Social Research*. Springer.
Morgan, S. L. and Winship, C. (2015) *Counterfactuals and Causal Inference : Methods and Principles for Social Research, Second Edition*. Cambridge University Press.
Morton, R. B. and Williams, K. C. (2010) *Experimental Political Science and the Study of Causality*. Cambridge University Press.
Osborne, J. W. (Ed.) (2008) *Best Practices in Quantitative Methods*. Sage Publications.
Pearl, J. (2000) *Causality : Models, Reasoning, and Inference*. Cambridge University Press.
Pearl, J. (2009) *Causality : Models, Reasoning, and Inference, Second Edition*. Cambridge University Press.
Rosenbaum, P. R. (2002a) *Observational Studies, Second Edition*. Springer.
Rosenbaum, P. R. (2010) *Design of Observational Studies*. Springer.
Rosenthal, R., Rosnow, R. and Rubin, D. B. (2000) *Contrasts and Effect Sizes in Behavioral Research : A Correlational Approach*. Cambridge University Press.
Rothman, K. J. (2002) *Epidemiology : An Introduction*. Oxford University Press.
Rothman, K. J., Greenland, S. and Lash, T. L. (2008) *Modern Epidemiology, Third Edition*. Lippincott, Williams & Wilkins.
Rubin, D. B. (1987) *Multiple Imputation for Nonresponse in Surveys*. John Wiley & Sons.
Rubin, D. B. (2006) *Matched Sampling for Causal Effects*. Cambridge University Press.
Shadish, W. R., Cook, T. D. and Campbell, D. T. (2002) *Experimental and Quasi-Experimental Designs for Generalized Causal Inference*. Houghton Mifflin Company.
Shipley, B. (2000) *Cause and Correlation in Biology : A User's Guide to Path Analysis, Structural Equations and Causal Inference*. Cambridge University Press.
Weisberg, H. I. (2010) *Bias and Causation : Models and Judgment for Valid Comparisons*. John Wiley & Sons.
Woodward, M. (2014) *Epidemiology : Study Design and Data Analysis, Third Edition*. CRC Press, Chapman & Hall.

学術論文
アスタリスクは比較的読みやすく有益である解説論文および総合報告を示す．

星野崇宏・繁桝算男 (2004)* 傾向スコア解析法による因果効果の推定と調査データの調整について．行動計量学．**31**, 43-61.
Angrist, J. D., Imbens, G. W. and Rubin, D. B. (1996)* Identification of causal effects using instrumental variables (with discussion). *Journal of the American Statistical Association*, **91**, 444-472.
Austin, P. C. (2008)* A critical appraisal of propensity-score matching in the medical literature between 1996 and 2003 (with discussion). *Statistics in Medicine*, **27**, 2037-2069.

Austin, P. C. (2011) Comparing paired vs non-paired statistical methods of analyses when making inferences about absolute risk reductions in propensity-score matched samples. *Statistics in Medicine*, **30**, 1292-1301.

Baiocchi, M., Cheng, J. and Small, D. S. (2014)* Instrumental variable methods for causal inference. *Statistics in Medicine*, **33**, 2297-2340.

Balke, A. and Pearl, J. (1997) Bounds on treatment effects from studies with imperfect compliance. *Journal of the American Statistical Association*, **92**, 1171-1176.

Bang, H. and Robins, J. M. (2005) Doubly robust estimation in missing data and causal inference models. *Biometrics*, **61**, 962-973.

Bang, H. and Davis, C. E. (2007) On estimating treatment effects under non-compliance in randomized clinical trials : Are intent-to-treat or instrumental variables analyses perfect solutions? *Statistics in Medicine*, **26**, 954-964.

Basu, D. (1980)* Randomization analysis of experimental data : The Fisher randomization test (with discussion). *Journal of the American Statistical Association*, **75**, 575-595.

Billewicz, W. Z. (1965) The efficiency of matched sample : An empirical investigation. *Biometrics*, **21**, 623-644.

Breslow, N. E. (1996)* Statistics in epidemiology : The case-control study. *Journal of the American Statistical Association*, **91**, 14-28.

Bross, I. D. J. (1969) How case-for-case matching can improve design efficiency. *American Journal of Epidemiology*, **89**, 359-363.

Cochran, W. G. (1953) Matching in analytical studies. *American Journal of Public Health*, **43**, 684-691.

Cochran, W. G. (1957)* Analysis of covariance : Its nature and uses. *Biometrics*, **13**, 261-281.

Cochran, W. G. (1968) The effectiveness of adjustment by subclassification in removing bias in observational studies. *Biometrics*, **24**, 295-313.

Cochran, W. G. and Rubin, D. B. (1973)* Controlling bias in observational studies : A review. *Sankhya*, **35**, 417-446.

Conway, D. A. and Roberts, H. V. (1983) Reverse regression, fairness, and employment discrimination. *Journal of Business & Economic Statistics*, **1**, 75-85.

Cox, D. R. (1957) Note on grouping. *Journal of the American Statistical Association*, **52**, 543-547.

Cox, D. R. and McCullagh, P. (1982)* Some aspects of analysis of covariance (with discussion). *Biometrics*, **38**, 541-561.

D'Agostino, R. B., Jr. (1998)* Propensity score methods for bias reduction in the comparison of a treatment to a non-randomized control group. *Statistics in Medicine*, **17**, 2265-2281.

Dawid, A. P. (1979) Conditional independence in statistical theory (with discussion). *Journal of the Royal Statistical Society, Series B*, **41**, 1-31.

Frangakis, C. E. and Rubin, D. B. (2002) Principal stratification in causal inference.

Biometrics, **58**, 21-29.

Grant, R. L. (2014) Converting an odds ratio to a range of plausible relative risks for better communication of research findings. *British Medical Journal*, **348**, f7450.

Greenland, S. (2000)* An introduction to instrumental variables for epidemiologists. *International Journal of Epidemiology*, **29**, 722-729.

Greenland, S., Robins, J. M. and Pearl, J. (1999)* Confounding and collapsibility in causal inference. *Statistical Science*, **14**, 29-46.

Gu, X. S. and Rosenbaum, P. R. (1993) Comparison of multivariate matching methods: Structures, distances, and algorithms. *Journal of Computational and Graphical Statistics*, **2**, 405-420.

Heckman, J. J. (2005)* The scientific model of causality (with discussion). *Sociological Methodology*, **35**, 1-150.

Hernán, M. A. and Robins, J. M. (2006)* Instruments for causal inference: An epidemiologist's dream? *Epidemiology*, **17**, 360-372.

Ho, D. E., Imai, K., King, G. and Stuart, E. A. (2007) Matching as nonparametric preprocessing for reducing model dependence in parametric causal inference. *Political Analysis*, **15**, 199-236.

Holland, P. W. (1986)* Statistics and causal inference (with discussion). *Journal of the American Statistical Association*, **81**, 945-970.

Holland, P. W. and Rubin, D. B. (1988)* Causal inference in retrospective studies. *Evaluation Review*, **12**, 203-231.

Horvitz, D. G. and Thompson, D. J. (1952) A generation of sampling without replacement from a finite universe. *Journal of the American Statistical Association*, **47**, 663-685.

Imai, K., King, G. and Stuart, E. A. (2008) Misunderstanding between experimentalists and observationalists about causal inference. *Journal of the Royal Statistical Society, Series A*, **171**, 1481-1502.

Imbens, G. W. (2004)* Nonparametric estimation of average treatment effects under exogeneity: A review. *Review of Economics and Statistics*, **86**, 4-29.

Imbens, G. W. (2014)* Instrumental variables: An econometrician's perspective (with discussion). *Statistical Science*, **29**, 323-379.

Joffe, M. M. and Rosenbaum, P. R. (1999)* Invited commentary: Propensity scores. *American Journal of Epidemiology*, **150**, 327-333.

Kang, J. D. Y. and Schafer, J. L. (2007)* Demystifying double robustness: A comparison of alternative strategies for estimating a population mean from incomplete data (with discussion). *Statistical Science*, **22**, 523-580.

Keiding, N. and Clayton, D. (2014)* Standardization and control for confounding in observational studies: A historical perspective. *Statistical Science*, **29**, 529-558.

Little, R. J. A. and Rubin, D. B. (2000)* Causal effects in clinical and epidemiological studies via potential outcomes: Concepts and analytical approaches. *Annual Review of Public Health*, **21**, 121-145.

Lord, F. M. (1967) A paradox in the interpretation of group comparisons. *Psychological Bulletin*, **68**, 304-305.

Luellen, J. K., Shadish, W. R. and Clark, M. H. (2005)* Propensity scores : An introduction and experimental test. *Evaluation Review*, **29**, 530-558.

Lunceford, J. K. and Davidian, M. (2004) Stratification and weighting via the propensity score in estimation of causal treatment effects : A comparative study. *Statistics in Medicine*, **23**, 2937-2960.

Manski, C. F. (1990) Nonparametric bounds on treatment effects. *American Economic Review*, **80**, 319-323.

Martens, E. P., Pestman, W. R., de Boer, A., Belitser, S. V. and Klungel, O. H. (2006)* Instrumental variables : Application and limitations. *Epidemiology*, **17**, 260-267.

McKinlay, S. M. (1977)* Pair matching : A reappraisal of a popular technique. *Biometrics*, **33**, 725-735.

McNamee, R. (2009) Intention to treat, per protocol, as treated and instrumental variable estimators given non-compliance and effect heterogeneity. *Statistics in Medicine*, **28**, 2639-2652.

McNemar, Q. (1947) Note on the sampling error of the difference between correlated proportions or percentages. *Psychometrika*, **12**, 153-157.

Miettinen, O. S. (1968) The matched pairs design in the case of all-or-none responses. *Biometrics*, **24**, 339-352.

Miettinen, O. S. (1970)* Matching and design efficiency in retrospective studies. *American Journal of Epidemiology*, **91**, 111-118.

Morgan, S. L. and Harding, D. J. (2006)* Matching estimators of causal effects : Prospects and pitfalls in theory and practice. *Sociological Methods & Research*, **35**, 3-60.

Mosteller, F. (1952) Some statistical problems in measuring the subjective response to drugs. *Biometrics*, **8**, 220-226.

Neyman, J. (1923) On the application of probability theory to agricultural experiments. *Essay on Principles, Section 9*. Translated in *Statistical Science* (1990) **5**, 465-472.

Rose, S. and van der Laan, M. J. (2009)* Why match? Investigating matched case-control study designs with causal effect estimation. *International Journal of Biostatistics*, **5** (1), Article 1.

Rosenbaum, P. R. (1984) The consequence of adjustment for a concomitant variable that has been affected by the treatment. *Journal of the Royal Statistical Society, Series A*, **147**, 656-666.

Rosenbaum, P. R. (1987) Model-based direct adjustment. *Journal of the American Statistical Association*, **82**, 387-394.

Rosenbaum, P. R. (1989) Optimal matching for observational studies. *Journal of the American Statistical Association*, **84**, 1024-1032.

Rosenbaum, P. R. (2002b)* Covariance adjustment in randomized experiments and observational studies (with discussion). *Statistical Science*, **17**, 286-327.

Rosenbaum, P. R. and Rubin, D. B. (1983a) The central role of the propensity score in observational study. *Biometrika*, **70**, 41-55.

Rosenbaum, P. R. and Rubin, D. B. (1983b) Assessing sensitivity to an unobserved binary covariate in an observational study with binary outcome. *Journal of the Royal Statistical Society, Series B*, **45**, 212-218.

Rosenbaum, P. R. and Rubin, D. B. (1984) Reducing bias in observational studies using subclassification on the propensity score. *Journal of the American Statistical Association*, **79**, 516-524.

Rosenbaum, P. R. and Rubin, D. B. (1985a) Constructing a control group using multivariate matched sampling methods that incorporate the propensity score. *American Statistician*, **39**, 33-38.

Rosenbaum, P. R. and Rubin, D. B. (1985b) The bias due to incomplete matching. *Biometrics*, **41**, 103-116.

Rousson, V. (2014) Measuring an effect size from dichotomized data : Contrasted results whether using a correlation or an odds ratio. *Journal of Educational and Behavioral Statistics*, **39**, 144-163.

Rubin, D. B. (1974) Estimating causal effects of treatments in randomized and nonrandomized studies. *Journal of Educational Psychology*, **66**, 688-701.

Rubin, D. B. (1977) Assignment to treatment group on the basis of a covariate. *Journal of Educational Statistics*, **2**, 1-26.

Rubin, D. B. (1978) Bayesian inference for causal effects : The role of randomization. *Annals of Statistics*, **6**, 34-58.

Rubin, D. B. (1980) Comment on Basu (1980), *Journal of the American Statistical Association*, **75**, 591-593.

Rubin, D. B. (1990) Comment : Neyman (1923) and causal inference in experiments and observational studies. *Statistical Science*, **5**, 472-480.

Rubin, D. B. (2004) Teaching statistical inference for causal effects in experimental and observational studies. *Journal of Educational and Behavioral Statistics*, **29**, 343-367.

Rubin, D. B. (2005)* Causal inference using potential outcomes : Design, modeling, decisions. *Journal of the American Statistical Association*, **100**, 322-331.

Rubin, D. B. (2007)* The design versus the analysis of observational studies for causal effects : Parallels with the design of randomized trials. *Statistics in Medicine*, **26**, 20-36.

Rubin, D. B. (2008) For objective causal inference, design trumps analysis. *Annals of Applied Statistics*, **2**, 808-840.

Schafer, J. L. and Kang, J. D. (2008)* Average causal effects from nonrandomized studies : A practical guide and simulated case study. *Psychological Methods*, **13**, 279-313.

Simpson, E. H. (1951) The interpretation of interaction in contingency tables. *Journal of the Royal Statistical Society, Series B*, **13**, 238-241.

Stuart, E. A. (2010)* Matching methods for causal inference : A review and a look forward. *Statistical Science*, **25**, 1-21.

Stuart, E. A. and Rubin, D. B. (2008)* Best practice in quasi-experimental designs: Matching methods for causal inference. In J. W. Osborne (Ed.) *Best Practices in Quantitative Methods*. Sage Publishing, 155-176.

Winship, C. and Morgan, S. L. (1999)* The estimation of causal effects from observational data. *Annual Review of Sociology*, 25, 659-707.

索　引

ア　行

イェーツの補正　29, 36
1：1 マッチング　119
1：k マッチング　119
一対比較　12, 25, 108
一般化可能性　76
因果　4
因果関係　1
因果効果　69

後ろ向き研究　9, 169
後ろ向きのオッズ比　173
後ろ向きの条件付き確率　170

横断研究　9
応答　1
オッズ比　26, 34, 173
重み付き市街地化距離　117
重み付きユークリッド距離　117
Always Taker　160

カ　行

回帰　4
回帰分析　50
外的妥当性　10
介入　1
確率　186
カリパー　118
観察研究　7
完全データ　182
観測　88
観測される結果　80

関連　4

既存薬　74
逆回帰　19
逆確率重み付け法　21, 92, 106, 141
逆モデル　172
共分散分析　21, 57, 106, 107
共変量　14
共変量調整　103
局所管理　11
均一性　72
近似的ベイズ・ブートストラップ法　185

繰り返し　12
クロス・オーバー計画　70

傾向スコア　96, 118, 143, 185
傾向スコアマッチング　126
形式的解釈モデル　172
ケース・コントロール研究　9, 169
結果　1
結果の要因　169
欠測　88, 180
欠測データ　70
欠測メカニズム　181

効果　2
効果の大きさ　40, 174
効果の修飾　16, 53
交換可能性　83
交互作用　66
構造方程式モデル　23
交絡因子　16

Cohen の d　42
誤差項　50
個体処置効果　69
コホート研究　9, 109
Cold Deck　184
Complier　160
　──の平均因果効果　161

サ 行

差　26, 34
最近傍マッチング　119
最小化法　88
最小 2 乗推定量　148
最小 2 乗平均　59
最適マッチング　120
細分類法　131

識別　83
識別可能　83
自己選択　16
事後ランダム化　46
事前ランダム化　46
実験研究　7
四分位相関係数　34
シャープな帰無仮説　72
重回帰モデル　50
縦断研究　10
周辺オッズ比　66, 173
周辺独立　191
順位和検定　43
準実験　8
遵守　153
遵守者　153
条件付きオッズ比　66
条件付き確率　187
条件付き検定　30
条件付き交換可能性　87
条件付き正値性　88, 97
条件付き独立　87, 89, 97, 190
条件付きの対数オッズ比　174
小分類法　20, 131
症例対照研究　169
除外制約　79, 150

処置　1
処置群　4, 25, 68
処置群での平均処置効果　75
処置効果　69
処置前後研究　9
処置を受けなかった個体の平均処置効果　75
処理　1
シンプソンのパラドクス　21, 67
新薬　74

推定対象　71, 117
SUTVA 条件　78

政策　1
正値性　80
線形傾向スコア　118
潜在的な結果　23, 69

層　131
層化　20
層化解析法　131
相関　4
相互干渉がない　78
操作変数　61, 149
相対差　26
相対リスク　26
層別　106
層別解析法　131

タ 行

対応のある t 検定　48
対照群　4, 25, 68
　──での平均処置効果　75
対数オッズ　63
互いに独立　188
多項分布　35
多重代入法　183
脱落　180
妥当性　109
ダミー変数　14
単一値代入法　183
単回帰モデル　50
単純無作為割付け　12

単調　180
単調性　161

超幾何分布　30
調査　7
調整された対数オッズ比　174
直接確率計算法　30
直接効果がない　150
直接標準化法　132

強い意味での無視可能な割付け　88

DAG　15, 23
Defier　160

統計的因果推論　1
同時方程式モデル　23
独立　82, 188
独立性のカイ2乗統計量　29
度数マッチング　115
貪欲マッチング　120

ナ　行

内的妥当性　10

二重ロバスト性　146
2標本t検定　41

Never Taker　160

ノンコンプライアンス　153, 154

ハ　行

バイアス　135
　——の除去率　136
曝露　1, 170
パネル調査　9
バランシングスコア　98
反事実モデル　70
反復　11
判別スコア　102

比　26, 34

ピアソン・カイ2乗　29
比較可能性　61
非遵守　153
非遵守者　153
非処置群　4, 69
非復元　119
標準化法　92, 132
標準誤差　40
標準母集団　132
標本抽出モデル　172
標本平均処置効果　75
比率　186

ファイ係数　34
フィッシャー検定　30
フィッシャー情報量　175
フィッシャーの3原則　11
フィッシャーの正確検定　30
不均一性　72
復元　119
符号付き順位検定　46
不偏性　109
プラセボ　4, 74
プールした分散　40
フルマッチング　119
プログラム　1
ブロック化　12
ブロック計画　60
プロビット変換　64
分割表　27
分布の重なり　121

ペアマッチング　25, 115
平均因果効果　70
平均交換可能性　84
平均処置効果　70, 144
平均独立性　84
併合可能性　174
ベイズの定理　170
ベースライン　9

方向付き非巡回グラフ　15, 23
補完　183

母集団平均処置効果 71
Hot Deck 184

マ 行

前向き研究 9
前向きのオッズ比 173
前向きの条件付き確率 170
マクネマー検定 36
マッチング 20, 106, 108
マハラノビス距離 118

無交絡性 87
無作為化 11
無視可能 181
　　　——な割付け 88

ヤ 行

矢線表示 156

有効性 109

ラ 行

乱塊法 12
ランダム化 11
ランダム化検定 43

リスク差 26
リスク比 26

連続修正 29, 36

ローカルな平均処置効果 161
ロジスティック回帰 21, 63, 103
ロジット変換 63
Lord のパラドクス 18

ワ 行

割当て 68
割付け 7, 68

著者略歴

岩崎　学（いわさき　まなぶ）

1952 年　静岡県に生まれる
1977 年　東京理科大学大学院理学研究科数学専攻修士課程修了
現　在　成蹊大学理工学部情報科学科教授，横浜市立大学国際総合科学部教授，
　　　　理学博士
主　著　『実用 統計用語事典』（共著），オーム社，2004 年
　　　　『統計的データ解析のための数値計算法入門』，朝倉書店，2004 年
　　　　『不完全データの統計解析』，エコノミスト社，2010 年
　　　　『カウントデータの統計解析』，朝倉書店，2010 年

統計解析スタンダード
統計的因果推論　　　　　定価はカバーに表示

2015 年 11 月 15 日　初版第 1 刷
2024 年 8 月 1 日　　第 9 刷

著　者　岩　崎　　　学
発行者　朝　倉　誠　造
発行所　株式会社　朝　倉　書　店

東京都新宿区新小川町 6-29
郵便番号　162-8707
電　話　03(3260)0141
FAX　03(3260)0180
https://www.asakura.co.jp

〈検印省略〉

Ⓒ 2015〈無断複写・転載を禁ず〉　　Printed in Korea

ISBN 978-4-254-12857-4　C 3341

JCOPY　〈出版者著作権管理機構　委託出版物〉

本書の無断複写は著作権法上での例外を除き禁じられています．複写される場合は，
そのつど事前に，出版者著作権管理機構（電話 03-5244-5088, FAX 03-5244-5089,
e-mail: info@jcopy.or.jp）の許諾を得てください．

成蹊大 岩崎　学著
統計ライブラリー
カウントデータの統計解析
12794-2 C3341　　　　　A5判 224頁 本体3700円

医薬関係をはじめ多くの実際問題で日常的に観測されるカウントデータの統計解析法の基本事項の解説からExcelによる計算例までを明示。〔内容〕確率統計の基礎／二項分布／二項分布の比較／ベータ二項分布／ポアソン分布／負の二項分布

前電通大 久保木久孝・前早大 鈴木　武著
統計ライブラリー
セミパラメトリック推測と経験過程
12836-9 C3341　　　　　A5判 212頁 本体3700円

本理論は近年発展が著しく理論の体系化が進められている。本書では、モデルを分析するための数理と推測理論を詳述し、適用までを平易に解説する。〔内容〕パラメトリックモデル／セミパラメトリックモデル／経験過程／推測理論／有効推定

山岡和枝・安達美佐・渡辺満利子・丹後俊郎著
統計ライブラリー
ライフスタイル改善の実践と評価
―生活習慣病発症・重症化の予防に向けて―
12835-2 C3341　　　　　A5判 232頁 本体3700円

食事・生活習慣をベースとした糖尿病患者へのライフスタイル改善の効果的実践を計るための方法や手順をまとめたもの。調査票の作成、プログラムの実践、効果の評価、まとめ方、データの収集から解析に必要な統計手法までを実践的に解説。

前慶大 蓑谷千凰彦著
統計ライブラリー
線　形　回　帰　分　析
12834-5 C3341　　　　　A5判 360頁 本体5500円

幅広い分野で汎用される線形回帰分析法を徹底的に解説。医療・経済・工学・ORなど多様な分析事例を豊富に紹介。学生はもちろん実務者の独習にも最適。〔内容〕単純回帰モデル／重回帰モデル／定式化テスト／不均一分散／自己相関／他

元東大 古川俊之監修
医学統計学研究センター 丹後俊郎著
統計ライブラリー
医　学　へ　の　統　計　学 第3版
12832-1 C3341　　　　　A5判 304頁 本体5000円

医学系全般の、より広範な領域で統計学的なアプローチの重要性を説く定評ある教科書。〔内容〕医学データの整理／平均値に関する推測／相関係数と回帰直線に関する推測／比率と分割表に関する推論／実験計画法／標本の大きさの決め方／他

丹後俊郎・山岡和枝・高木晴良著
統計ライブラリー
新版　ロジスティック回帰分析
―SASを利用した統計解析の実際―
12799-7 C3341　　　　　A5判 296頁 本体4800円

SASのVar9.3を用い新しい知見を加えた改訂版。マルチレベル分析に対応し、経時データ分析にも用いられている現状も盛り込み、よりモダンな話題を付加した構成。〔内容〕基礎理論／SASを利用した解析例／関連した方法／統計的推測

環境研 瀬谷　創・筑波大 堤　盛人著
統計ライブラリー
空　間　統　計　学
―自然科学から人文・社会科学まで―
12831-4 C3341　　　　　A5判 192頁 本体3500円

空間データを取り扱い適用範囲の広い統計学の一分野を初心者向けに解説〔内容〕空間データの定義と特徴／空間重み行列と空間的影響の検定／地球統計学／空間計量経済学／付録（一般化線形モデル／加法モデル／ベイズ統計学の基礎）／他

G.ペトリス・S.ペトローネ・P.カンパニョーリ著
京産大 和合　肇監訳　NTTドコモ 萩原淳一郎訳
統計ライブラリー
Rによる　ベイジアン動的線型モデル
12796-6 C3341　　　　　A5判 272頁 本体4400円

ベイズの方法と統計ソフトRを利用して、動的線型モデル(状態空間モデル)による統計的時系列分析を実践的に解説する。〔内容〕ベイズ推論の基礎／動的線型モデル／モデル特定化／パラメータが未知のモデル／逐次モンテカルロ法／他

早大 豊田秀樹著
統計ライブラリー
項目反応理論［入門編］（第2版）
12795-9 C3341　　　　　A5判 264頁 本体4000円

待望の全面改訂。丁寧な解説はそのままに、全編Rによる実習を可能とした実践的テキスト。〔内容〕項目分析と標準化／項目特性曲線／R度値の推定／項目母数の推定／テストの精度／項目プールの等化／テストの構成／段階反応モデル／他

早大 豊田秀樹編著
統計ライブラリー
項目反応理論［中級編］
12798-0 C3341　　　　　A5判 244頁 本体4000円

姉妹書［入門編］からのステップアップ。具体例の解説を中心に、実際の分析の場で利用できる各手法をわかりやすく紹介。［入門編］同様、書籍中の分析や演習を追計算できるR用スクリプトがダウンロード可能。実践志向の書。

医学統計学研究センター 丹後俊郎著
医学統計学シリーズ10
経時的繰り返し測定デザイン
—治療効果を評価する混合効果モデルとその周辺—
12880-2 C3341　　　　A5判 260頁 本体4500円

治療への反応の個人差に関する統計モデルを習得すると共に，治療効果の評価にあたっての重要性を理解するための書〔内容〕動物実験データの解析／分散分析モデル／混合効果モデルの基礎／臨床試験への混合効果モデル／潜在クラスモデル／他

前慶大 蓑谷千凰彦著
一般化線形モデルと生存分析
12195-7 C3041　　　　A5判 432頁 本体6800円

一般化線形モデルの基礎から詳説し，生存分析へと展開する。〔内容〕基礎／線形回帰モデル／回帰診断／一般化線形モデル／二値変数のモデル／計数データのモデル／連続確率変数のGLM／生存分析／比例危険度モデル／加速故障時間モデル

前中大 杉山高一・前広大 藤越康祝・三重大 小椋 透著
シリーズ〈多変量データの統計科学〉1
多変量データ解析
12801-7 C3341　　　　A5判 240頁 本体3800円

「シグマ記号さえ使わずに平易に多変量解析を解説する」という方針で書かれた'83年刊のロングセラー入門書に，因子分析，正準相関分析の2章および数理的補足を加えて全面的に改訂。主成分分析，判別分析，重回帰分析を含め基礎を確立。

東大 国友直人著
シリーズ〈多変量データの統計科学〉10
構造方程式モデルと計量経済学
12810-9 C3341　　　　A5判 232頁 本体3900円

構造方程式モデルの基礎，適用と最近の展開。統一的視座に立つ計量分析。〔内容〕分析例／基礎／セミパラメトリック推定(GMM他)／検定問題／推定量の小標本特性／多操作変数・弱操作変数の漸近理論／単位根・共和分・構造変化／他

早大 竹村和久・京大 藤井 聡著
シリーズ〈行動計量の科学〉6
意思決定の処方
12826-0 C3341　　　　A5判 200頁 本体3200円

現実社会でのよりよい意思決定を支援(処方)する意思決定モデルを，「状況依存的焦点モデル」の理論と適用事例を中心に解説。意思決定論の基礎的内容から始め，高度な予備知識は不要。道路渋滞，コンパクトシティ問題等への適用を紹介。

早大 豊田秀樹編著
基礎からのベイズ統計学
ハミルトニアンモンテカルロ法による実践的入門
12212-1 C3041　　　　A5判 248頁 本体3200円

高次積分にハミルトニアンモンテカルロ法(HMC)を利用した画期的初級向けテキスト。ギブズサンプリング等を用いる従来の方法より非専門家に扱いやすく，かつ従来は求められなかった確率計算も可能とする方法論による実践的入門。

前慶大 蓑谷千凰彦著
正規分布ハンドブック
12188-9 C3041　　　　A5判 704頁 本体18000円

最も重要な確率分布である正規分布について，その特性や関連する数理などあらゆる知見をまとめた研究者・実務者必携のレファレンス。〔内容〕正規分布の特性／正規分布に関連する積分／中心極限定理とエッジワース展開／確率分布の正規近似／正規分布の歴史／2変量正規分布／対数正規分布およびその他の変換／特殊な正規分布／正規母集団からの標本分布／正規母集団からの標本順序統計量／多変量正規分布／パラメータの点推定／信頼区間と許容区間／仮説検定／正規性の検定

医学統計学研究センター 丹後俊郎・中大 小西貞則編
医学統計学の事典
12176-6 C3541　　　　A5判 472頁 本体12000円

「分野別調査：研究デザインと統計解析」，「統計的方法」，「統計数理」を大きな柱とし，その中から重要事項200を解説した事典。医学統計に携わるすべての人々の必携書となるべく編纂。〔内容〕実験計画法／多重比較／臨床試験／疫学研究／臨床検査・診断／調査／メタアナリシス／衛生統計と指標／データの記述・基礎統計量／2群比較・3群以上の比較／生存時間解析／回帰モデル分割表に関する解析／多変量解析／統計的推測理論／計算機を利用した統計的推測／確率過程／機械学習／他

統計解析スタンダード

国友直人・竹村彰通・岩崎　学 [編集]

理論と実践をつなぐ統計解析手法の標準的（スタンダード）テキストシリーズ

∴

- 応用をめざす 数理統計学　　　　　　　232頁　本体3500円＋税
  国友直人 [著]　　　　　　　　　　　　　　　　　　〈12851-2〉

- マーケティングの統計モデル　　　　　192頁　本体3200円＋税
  佐藤忠彦 [著]　　　　　　　　　　　　　　　　　　〈12853-6〉

- ノンパラメトリック法　　　　　　　　192頁　本体3400円＋税
  村上秀俊 [著]　　　　　　　　　　　　　　　　　　〈12852-9〉

- 実験計画法と分散分析　　　　　　　　228頁　本体3600円＋税
  三輪哲久 [著]　　　　　　　　　　　　　　　　　　〈12854-3〉

- 経時データ解析　　　　　　　　　　　196頁　本体3400円＋税
  船渡川伊久子・船渡川 隆 [著]　　　　　　　　　　〈12855-0〉

- ベイズ計算統計学　　　　　　　　　　208頁　本体3400円＋税
  古澄英男 [著]　　　　　　　　　　　　　　　　　　〈12856-7〉

- 統計的因果推論　　　　　　　　　　　216頁　　　　〈12857-4〉
  岩崎　学 [著]

- 経済時系列と季節調整法　　　　　　　192頁　本体3400円＋税
  高岡　慎 [著]　　　　　　　　　　　　　　　　　　〈12858-1〉

- 欠測データの統計解析　　　　　　　　200頁　本体3400円＋税
  阿部貴行 [著]　　　　　　　　　　　　　　　　　　〈12859-8〉

- 一般化線形モデル　　　　　　　　　　224頁　本体3600円＋税
  汪　金芳 [著]　　　　　　　　　　　　　　　　　　〈12860-4〉

［以下続刊］

上記価格（税別）は 2024 年 7 月 現在